唯美设计丛书

全彩版

版式设计宝典

学习像设计师一样思考和设计

唯美世界 曹茂鹏 编著

中国水利水电出版社
www.waterpub.com.cn

· 北京 ·

内 容 提 要

《版式设计宝典》以轻松幽默的方式详细讲解了版式设计原理、配色技巧和版式构图等知识。全书共12章，前半部分内容包括版式设计的原理、版式设计的基础知识、版式设计的配色、版式设计的组成元素、版式设计的十种构图方式；后半部分则以大型综合设计案例的形式重点介绍了7大应用行业的版式设计，分别从设计诉求、设计解析、配色方案、版式设计步骤、其他类型版式设计方案、不同风格的版式设计方案等6个方面解析了书籍装帧类版式设计、VI设计类版式设计、网页设计类版式设计、UI设计类版式设计、海报设计类版式设计、广告设计类版式设计和包装设计类版式设计的设计思路和制作过程。

《版式设计宝典》赠送资源有：《色彩名称速查》《8个色彩搭配工具使用指南》《配色宝典》《构图宝典》《解读色彩情感密码》《43个高手设计师常用网站》等电子书。

《版式设计宝典》内容全面，知识体系完整，案例覆盖面广，设计新颖，图片精美，让读者朋友真正掌握版式设计技术的同时，也能够提升审美意识。本书既可作为高等院校版式设计、色彩设计、平面设计等专业必备的速查工具用书，也可作为各大培训机构、设计公司的培训教材或理论参考书籍，还可作为各大、中专院校的相关专业的教材，当然它也是设计朋友的推荐用书。

图书在版编目（CIP）数据

版式设计宝典 / 唯美世界，曹茂鹏编著 . 一北京：
中国水利水电出版社，2022.4
（唯美设计丛书）
ISBN 978-7-5170-9218-6

Ⅰ.①版… Ⅱ.①唯… ②曹… Ⅲ.①版式 – 设计
Ⅳ.① TS881

中国版本图书馆CIP数据核字(2020)第247824号

丛 书 名	唯美设计丛书
书 名	版式设计宝典 BANSHI SHEJI BAODIAN
作 者	唯美世界 曹茂鹏 编著
出版发行	中国水利水电出版社 （北京市海淀区玉渊潭南路1号D座 100038） 网址：www.waterpub.com.cn E-mail: zhiboshangshu@163.com 电话：（010）62572966-2205/2266/2201（营销中心）
经 售	北京科水图书销售中心（零售） 电话：（010）88383994、63202643、68545874 全国各地新华书店和相关出版物销售网点
排 版	北京智博尚书文化传媒有限公司
印 刷	涿州汇美亿浓印刷有限公司
规 格	190mm×235mm 16开本 15印张 295千字
版 次	2022年4月第1版 2022年4月第1次印刷
印 数	0001—3000册
定 价	79.80元

前言
PREFACE

版式设计是各类设计行业的基础，是视觉传达的重要手段。从表面上看，它是一种关于编排的学问；实际上，它不仅是一种技能，而且是实现技术与艺术高度统一的手段。版式设计是设计师所必备的基本功之一。

本书以各种设计行业中的版式设计为例进行讲解，全书共12章。第1、2章是基础，讲解了版式设计的原理和版式设计的基础知识，通过对这两章的学习，读者可以了解版式设计的基础内容；第3～5章是进阶章节，讲解了版式设计的配色、版式设计的组成元素和版式设计的十种构图方式，通过对这三章的学习，读者可以精通关于版式设计的多个方面的内容；第6～12章共讲解了14个不同行业的大型设计项目综合案例，从设计诉求、设计解析、配色方案、版式设计的步骤到其他版式设计方案，让读者认识并逐步掌握色彩在设计中的具体应用及色彩搭配的完整思路。

本书特色

1. 学习更轻松

本书以轻松和舒适的方式进行讲解，让读者更容易对版式设计感兴趣，轻松学透版式设计的专业知识。

2. 海量推荐搭配方案

本书除了进行基本的理论讲解、案例分析外，还有大量的配色方案推荐，可以让读者对色彩设计有更直观的认识。

3. 教你色彩的搭配思路

本书第6～12章讲解了14个大型设计项目综合案例，完整地剖析了一幅幅优秀设计作品的诞生过程。从设计诉求开始讲解，提供完整的版式设计方案以及不同风格的版式设计方案，真正做到融会贯通，举一反三。

4. 超值赠送

本书配套赠送《色彩名称速查》《8个色彩搭配工具使用指南》《配色宝典》《构图宝典》《解读色彩情感密码》《43个高手设计师常用网站》等电子书。

本书资源下载

读者使用手机微信扫一扫功能扫描下面的二维码，或者在微信公众号中搜索"设计指北"，关注后输入 b9218，即可获取本书资源的链接。将该链接复制到计算机浏览器的地址栏中，按 Enter 键进入下载操作。

本书读者对象

本书既可作为高等院校版式设计、色彩设计、平面设计等专业必备的速查工具用书，也可作为各大培训机构、设计公司的培训教材或理论参考书籍，还可作为各大、中专院校相关专业的教材，当然它也是设计朋友的推荐用书。版式设计的原理、版式设计的构图方式、如何从设计诉求出发完成完整设计项目，这些在书中都可以找到答案。

关于作者

本书由唯美世界组织编写，曹茂鹏承担主要编写工作，其他参与编写的人员还有瞿颖健、瞿玉珍、董辅川、王萍、杨力、瞿学严、杨宗香、曹元钢、张玉华、李芳、孙晓军、张吉太、唐玉明、朱于凤等。

最后，祝您在学习道路上一帆风顺。

编　者

目录
CONTENTS

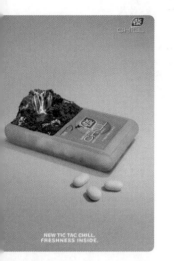

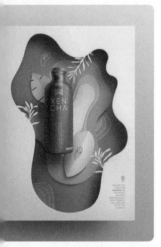

第 8 章　网页设计类版式设计 160

8.1　活泼可爱的儿童产品电商网页设计 162
8.1.1　设计诉求 162
8.1.2　设计解析 162
8.1.3　配色方案 163
8.1.4　版式设计的步骤 163
8.1.5　其他版式设计方案 165
8.1.6　不同风格的版式设计方案 166

8.2　天然感化妆品网页版式设计 168
8.2.1　设计诉求 168
8.2.2　设计解析 168
8.2.3　配色方案 169
8.2.4　版式设计的步骤 169
8.2.5　其他版式设计方案 171
8.2.6　不同风格的版式设计方案 173

第 9 章　UI 设计类版式设计 175

9.1　优雅大方的购物 App 启动界面版式设计 177
9.1.1　设计诉求 177
9.1.2　设计解析 177
9.1.3　配色方案 178
9.1.4　版式设计的步骤 178
9.1.5　其他版式设计方案 180
9.1.6　不同风格的版式设计方案 181

9.2　稳重简洁的杀毒软件版式设计 183
9.2.1　设计诉求 183
9.2.2　设计解析 183
9.2.3　配色方案 184
9.2.4　版式设计的步骤 184
9.2.5　其他版式设计方案 186
9.2.6　不同风格的版式设计方案 187

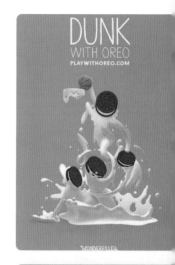

版式设计宝典

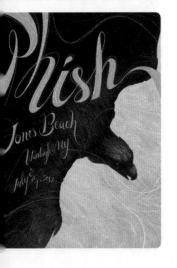

第 1 章

版式设计的原理

版式,简单来说就是平面设计刊物的版面格式。版式设计可应用于不同的领域,如书籍、海报、画册、网页、PPT、平面广告、产品包装等。

版式设计是现代设计艺术的重要组成部分,是视觉传达的重要手段。一个好的版式不仅可以让版面具有较好的阅读性,而且可以为受众带去美的享受。

版式设计具有 4 大原则:对比、对齐、重复、亲密。所以在设计时一定要遵循这 4 大原则进行合理的排版。只有这样才能设计出既符合企业文化理念,又能吸引受众注意力的作品。

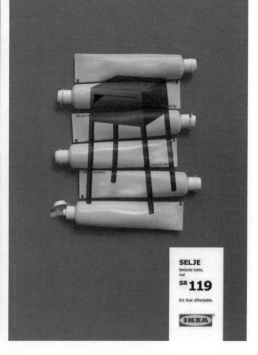

1.1　什么是版式设计

1.1.1　版式设计的内涵

　　版式设计是指设计人员根据设计主题和视觉需求，在预先设定的有限版面内，运用造型要素和形式原则，根据特定主题与内容的需要，将文字、图片（图形）及色彩等视觉传达信息要素进行有组织、有目的的组合排列的设计行为与过程。

　　版式设计是平面设计的重要组成部分，在视觉传达方面也占据着不可或缺的地位。从现在的发展趋势来看，版式设计不仅是一种编排技能，同时它也是技术与艺术的高度统一。

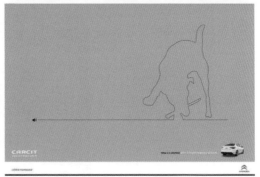

1.1.2 版式设计的使用范围

　　版式设计的应用领域是非常广泛的，如书籍、杂志、广告、海报、画册、易拉宝展架、粘贴画、网页、UI 等。

　　版式设计好比日常穿衣打扮，即使样样单品都是高档奢侈品，如果没有一个好的搭配也凸显不出服饰的高雅与精致。因此，版式设计对于成品效果的优劣具有非常重要的作用。

1.2 版式设计的作用

1.2.1 提高版面的可阅读性

版式设计最重要的作用就是提高版面的可阅读性，将信息清楚明了地传达。优秀版式设计的评判标准之一就是信息能否被人理解，而可读性是理解的重要组成部分。

提高版面的可读性，可以更好地为受众理解信息提供服务。如果版面有很多文字信息且排版很凌乱，就可能会增加受众阅读的难度，使受众不能在短时间内理解信息，从而会造成受众的离开。

1.2.2 凸显主题

版式设计的另外一个重要作用就是要突出主题。一个主题不突出的版式设计，会给观者不知所云的视觉感受。

例如一个宣传果汁的广告，在进行设计时可以采用以大图大字的方式进行呈现，使受众一看到就知道广告宣传的主题。对于有需要的受众，可以直接吸引其注意力。这样不仅缩短了受众挑选的时间，同时也促进了品牌宣传，为企业带来可观的效益。

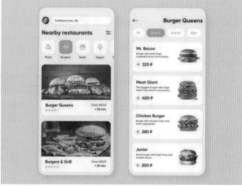

1.2.3 营造视觉美感

除了提高可阅读性、突出主题之外，版式设计另外一个重要作用就是要营造出一定的视觉美感。现代社会中，受众购买产品除了满足基本的需求之外，还会关注产品整体设计是否具有视觉美感。

在追求设计的视觉美感时，不能忽略产品最基本的功能与特性，否则会适得其反。

1.3 版式设计的原则

1.3.1 艺术性原则

随着时代的变迁，版式设计已经不仅仅是一项排版技能，更是可以为受众营造视觉美感的艺术活动。因此，在进行版式设计时要遵循一定的艺术性原则。

这个艺术性原则并不是要求设计者必须具有高超的艺术水准，像艺术家那样为受众展现艺术风采，而是在不妨碍信息正常传达的基础上，让受众在观看的过程中享受视觉美感。

1.3.2　趣味性原则

版面设计中的趣味性通常是指形式的趣味性，这是一种活泼性的版面视觉语言。如果版面没有过多精彩的内容，就需要构思如何利用艺术手段制造趣味来吸引受众。版面充满趣味性，可以使画面更具有视觉吸引力。

在进行版式设计时，遵循一定的趣味性原则，可以让设计效果既能符合企业需求，同时又能让人眼前一亮。

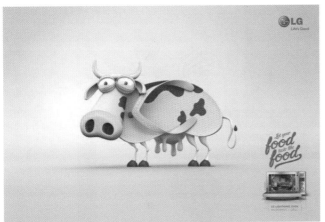

1.3.3 商业性原则

　　版式设计的最终目的就是将产品信息传达出去，让受众在短时间内作出判断，产生购买商品的行为，为企业创造效益。因此，版式设计要遵循商业性原则。

　　对于一个企业来讲，最终目的就是获得经济效益。所以在进行版式设计时，除了遵循艺术性与趣味性原则之外，还要遵循商业性原则。但是也要注意不能过度商业化，要做到设计与产品特征相吻合，否则可能会产生适得其反的效果。

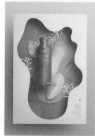

1.3.4 统一性原则

在版式设计过程中要遵循统一性原则，即图像、文字、图形、色彩搭配等基本元素与整体风格调性相统一。

统一协调的版式可以为受众营造一个良好的阅读环境，不仅可以让受众获取有效信息，同时也有利于品牌宣传与推广。

第 2 章

版式设计的
基础知识

　　简单地说，版式设计就是将图形、图像、文字、色彩等元素进行合理有序的摆放，合理的摆放对于最终呈现效果具有非常重要的作用。

　　在版式设计中，元素的摆放具有一定的编排法则和基本类型样式。编排法则主要包括注重整体的节奏韵律；适当留白，提升阅读感；增强整体的均衡节奏感等。

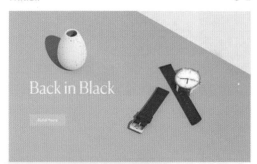

2.1 版式设计的基本类型

版式设计的基本类型包括满版型、三角型、曲线型、倾斜型、对称型、重心型、中轴型、骨骼型、分割型等。不同的构图方式具有不同的要求与规则，在设计时要根据设计主体与企业宗旨进行选择。

2.1.1 文字与版式

文字是传递信息的重要载体，在版式设计中如何有效地呈现文字是非常重要的。不同主题风格的版式，对于字体的使用有不同的要求。

文字的编排主要包括字体的选择、字号的调整、间距的设置、文字的摆放位置和段落文字分为几栏等。看似简单的文字，却对版式设计的成功起着决定性作用。

2.1.2　图形与版式

　　简单来说，图形就是除了摄影之外的一切图和形。其具有很强的创造性和塑造性，在版式设计中占有非常重要的地位。图形既可以作为版式的主体图案，直接表明宣传主旨；又可以作为装饰性元素，丰富版式的细节。

　　图形还具有文字性功能，就是将文字以图形的形式进行呈现。这样不仅保证了图形的完整性，而且还可以将信息清楚地传达给受众。图形的文字性具有很强的创意感与趣味性。

2.1.3　图像与版式

图像作为版式的基本元素之一，在设计中也是必不可少的。相对于文字来说，图像具有更强的视觉吸引力，而且传递信息的方式也更加直观。

在版式设计过程中，通常将含有重要信息的图像适当放大，以此吸引受众注意力。或者运用整齐排列的小图像来增强版面的透气感与协调性。

2.1.4 色彩与版式

　　我们生活在一个五彩缤纷的世界中，每时每刻都能感受到各种各样的色彩。在版式设计中，色彩也很关键，它是提高设计水准的必要因素之一。某些时候，色彩给人的第一印象可能会强于产品本身，所以色彩在版式设计中具有十分重要的作用。

　　合理地搭配色彩，不仅可以提升整个版式的格调档次，而且对于产品宣传也有积极的推动作用。

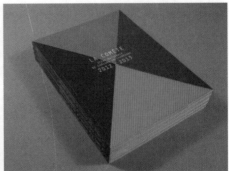

2.2　版式设计的视觉流程

　　在版式设计中，还需要考虑到读者的视线移动方向。除了按照正常的阅读习惯编排内容之外，还可以采用一些特殊的编排方式。不过这时就需要一些具有指示性的图形、文字、色彩进行视线引导。

　　版式设计的视觉流程通常包括单向视觉流程、曲线视觉流程、重心视觉流程、反复视觉流程、散点视觉流程、导向性视觉流程。在进行版式设计时要根据具体情况选择合适的视觉流程，切记不能为了制造另类而随意设计，这样反而会为受众阅读带来不便。

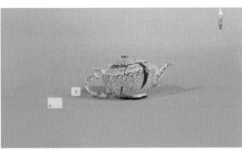
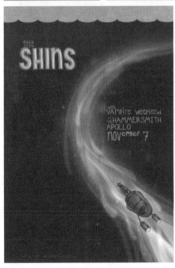

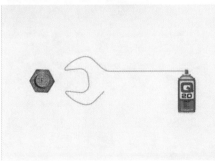

2.2.1　单向视觉流程

单向视觉流程是按照常规的视觉流程规律，有序、有组织地编排重点元素，引导受众从主到次、从大到小依次观看。单向视觉流程使页面的流动更为简明，表达的主题内容更加直接，具有简洁而强烈的视觉效果。单向的视觉流程包括横向视觉流程、竖向视觉流程、斜向视觉流程。

在运用单向视觉流程进行版式设计时，由于其样式比较传统，可能会让版式显得过于死板。此时可以通过调整字号大小、图像与文字摆放位置等方式来制造一些小的变动，在不影响整体阅读的情况下，为受众带去一些活力。

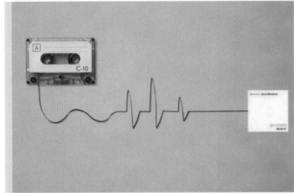

2.2.2 导向性视觉流程

导向性视觉流程类似于单向视觉流程，也是按照一定的方向来引导受众视线。但是导向性具有更强的灵活创造性，可以按照设计者的设计路线来引导受众进行阅读。

受众阅读都有一个视觉重点，为了让其更快地获得主要信息，可以通过添加图形、文字、色彩等方式来引导受众。

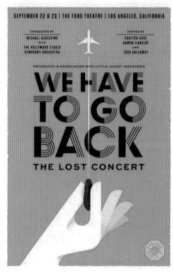

2.2.3 重心视觉流程

重心视觉流程就是将受众注意力全部集中在版面的重点部位，这样既为受众阅读提供了便利，同时也有利于品牌的直接宣传。

使用重心视觉流程进行版式设计时，要处理好主次关系。不能为了突出重点，而让版面产生大面积的留白，造成整体的视觉空虚感。在使用重心视觉流程进行版式设计时，可以通过添加一些说明性的小文字或者装饰性的小元素来丰富细节效果。

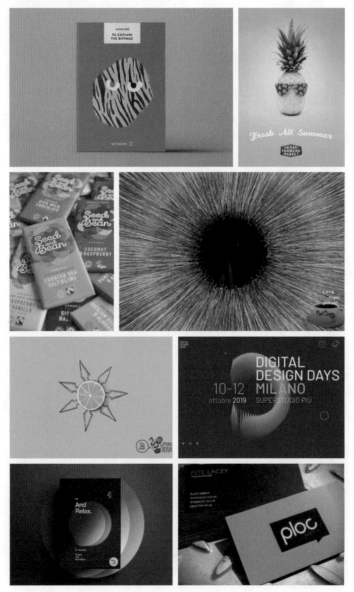

2.2.4　曲线视觉流程

曲线视觉流程是指各视觉要素根据弧线或回旋线的变化方向进行排列。而这种排列方式通常会给人一种柔美、优雅的视觉感受。曲线视觉流程更具韵味、节奏和动态美，能够营造出轻松舒展的气氛。

曲线视觉流程包括回旋型的 C 和回旋型的 S。前者可长久地吸引观者的注意力，具有一定的扩张性和方向感；后者可将相反的条件相对统一，两个相反的弧线产生矛盾回旋，在平面中增加深度和动感，所构成的回旋也富有变化。

 2.2.5　反复视觉流程

反复视觉流程是指在设计中相同或相似的视觉元素按照一定的规律有机地组合在一起，可使视线有序地构成规律，并沿着一定的方向流动，引导观者的视线反复浏览，以此来强调主题。

在进行反复视觉流程设计时，要注意节奏与韵律，不能流于呆板。这些要素可以相同或相似，需要具有一定的数量，以达到在统一中求变化的效果。

2.2.6 散点视觉流程

散点视觉流程是指版面中图与图、图与文等各元素之间形成的一种分散、没有明显方向性的编排设计。散点视觉流程设计的版面布局更注重情感性、自由性，重视空间和动感的设计。

编排散点视觉流程组合时，要注意图片大小、主次的搭配，强调版面的轻松灵动，给受众带来轻松、自在、生动有趣的视觉体验。

2.3 版式设计的编排法则

总的来说，版式设计就是将图形、文字、图像等元素进行合理有序的排列，在实际排版操作中需要遵循一定的编排法则。

常用的编排法则包括节奏韵律、协调统一、虚实留白、对称均衡等。虽然版式的构成各有不同，但都会遵循相同的编排法则。

2.3.1　节奏韵律

版式设计编排法则中最重要的一点是节奏韵律，即图形、文字、图像等元素在组织编排上要合乎规律，这样可以在视觉上和心理上为受众带去一定的节奏感。

如果想让版面产生一定的节奏韵律，可以通过轻重、重复、渐变、叠加等方式让受众视线随着图形的变化规律而进行移动。

 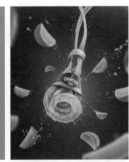

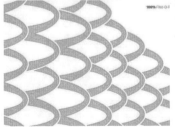 

2.3.2 协调统一

在版式设计中要注重整个版式的协调统一，主要包括文字字体、字号、字间距等的一致；图形、图像在大小呈现方面的统一；整个版式色彩的协调和谐。

版式设计是一个整体，是在所有元素的共同作用下呈现的视觉效果。因此，只有让各种要素协调一致，才能将信息传达清楚，给受众直观醒目的视觉印象。

2.3.3　虚实留白

　　版面中的"虚"与实相对，这个"虚"一般多为空白，但在设计中可以是说明性的小文字，也可以是图形、图像等装饰性元素。只有虚实结合，才能凸显版面主体对象，使其具有视觉焦点与兴趣中心。

　　留白在设计中经常使用，适当的留白不仅不会让版面过于空虚，反而可以让版面有通透感，在为受众营造一个良好的阅读与想象环境的同时，也使其感到轻松自在。

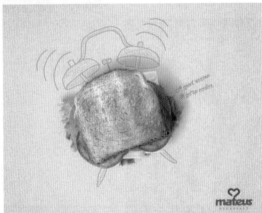

2.3.4 对称均衡

　　版式设计中除了要注重整体的节奏韵律与协调统一之外，还需要具有一定的对称均衡。对称与均衡是一个统一体，常常表现为既对称又相互均衡，归根结底就是要追求视觉上的稳定感。

　　对称均衡一般包括两个方面：一个为绝对的对称均衡，这样可以带给受众很强的视觉稳定性，但是容易造成视觉疲劳；另一个则是相对的对称均衡，就是让主体元素在整体统一的状态下又有些许变化，为版面增添一些活跃度。

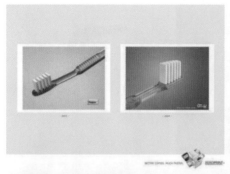

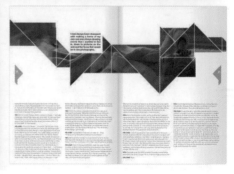

第 3 章

版式设计的
配色

　　将两种或两种以上的颜色放在一起，由于不同色相之间的相互影响，产生的差别现象称为色彩的色相对比。色彩的色相搭配包括同类色配色、邻近色配色、类似色配色、对比色配色和互补色配色。

　　需要注意，任意两种颜色的色相对比没有严格的界限，通常把色相环内相隔15°左右的两种颜色称为同类色配色，但是如果两种颜色相差20°，就很难界定属于哪种色相搭配。因此，在实际的版式设计中，只要掌握色彩的大概感觉即可，不需要被概念所约束。

◎ 面对不同的颜色，人们会产生冷暖、强弱、远近、明暗等不同的心理反应。

◎ 一种颜色单独存在或与其他颜色并存，两种情况会产生不同的视觉效果。

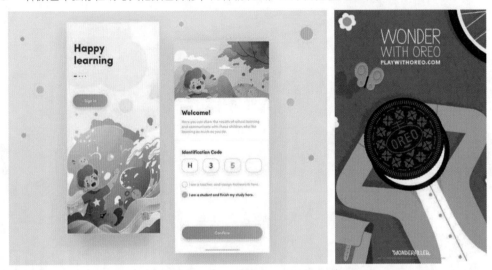

◎ 在搭配时，任何色彩都不是完全孤立的，因为每一种颜色都会与其他颜色相互影响。

◎ 相对于一种指定的颜色，其他颜色就是这种颜色的辅助色。

◎ 两种以上的色彩并存时，会产生色彩对比的效果。

◎ 由于各个色彩之间的色相、明度、纯度等的不同而产生的生理及心理的差别就构成了色彩之间的对比。

◎ 色彩之间的差异越大，对比效果就越明显；色彩之间差异越小，对比效果就越微弱。

 ## 3.1　同类色配色

◎ 同类色对比是指在 24 色相环中，在色相环内大约相隔 15°以内的两种颜色。

◎ 同类色对比较弱，给人的感觉是单纯、柔和，不管总的色相倾向是否鲜明，但是使用同类色进行版式设计时，画面的整体色彩基调更容易和谐统一。

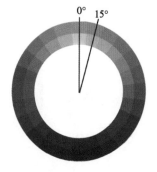

同类色搭配及色彩情感

CMYK:3,22,67,0
CMYK:0,5,80,0

阳光

CMYK:0,100,100,0
CMYK:0,82,78,0

快乐

CMYK:0,100,100,20
CMYK:2,95,29,0

喜庆

CMYK:0,65,90,0
CMYK:0,25,100,0

热闹

CMYK:40,0,100,0
CMYK:79,33,88,0

纯净

CMYK:71,95,20,0
CMYK:40,56,1,0

浪漫

CMYK:45,0,20,20
CMYK:41,6,36,0

宁静

CMYK:26,11,8,0
CMYK:50,36,35,0

冷酷

3.1.1 网页版式的同类色配色

主题调性

时尚、成熟、优雅、稳重。

典型案例分析

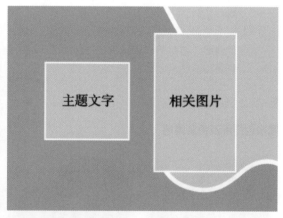

（1）这是一个以插画为背景的网页设计。将弹奏吉他的插画人物作为整个版式的展示主图，直接表明了网站宣传的内容和主旨。同时人物也是整个版面的视觉焦点，会自动吸引受众的目光。左侧的文字处在视觉焦点的对称位置上，清晰地传达了信息，这是一个左右清楚明了的版式布局。

（2）画面整体以紫色为主，明度和纯度适中，明暗对比较弱，与同类色的色彩特征相吻合。偏冷的色调会给人优雅、高贵的视觉体验，而少量橙色的点缀则为画面增添了活力与动感。

（3）左下角和顶部的简笔树叶使整个画面达到了一个很好的视觉平衡效果，超出画面的部分具有很强的视觉延展性。

常用配色方案

雅致　　　　　　　　活力　　　　　　　　奢华

优秀作品欣赏

3.1.2　杂志版式的同类色配色

主题调性

时尚、明亮、健康。

典型案例分析

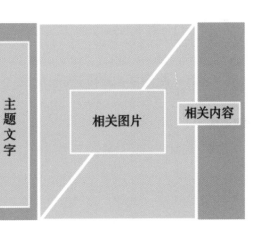

（1）这是 The Report 功能性饮食健康食品杂志内页设计。采用分割型的构图方式将图像摆放在区域背景一分为二的位置上，同时使用了不同颜色的对比，打破了纯色的单调与乏味。在分割的部位呈现的香蕉简笔插画成为整个版式的焦点所在。

（2）整个画面以黄色为主，背景中运用了纯度稍高的黄色，而在香蕉中运用了纯度偏低的黄色，两种纯度不同的黄色形成了同类色的明暗对比，增强了画面的视觉稳定性。

（3）左侧整齐排列的文字，一方面将信息进行清楚地传达；另一方面丰富了画面的细节效果。右侧的文字则让整个版式具有平衡统一的节奏感。

常用配色方案

自然　　　　　　　健康　　　　　　　文艺

优秀作品欣赏

 3.1.3　画册版式的同类色配色

主题调性

稳重、理智、成熟、冷静。

典型案例分析

 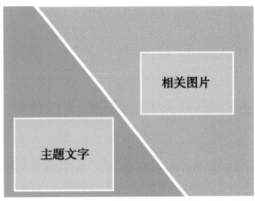

（1）这是 Vistaprint 品牌目录的画册封面设计。采用分割型的构图方式将整个封面划分为大小不均等的两份。相对于均等划分来说，更具活力与动感。画册右上角由不同大小和不同颜色拼凑而成的图案，是整个画面的视觉焦点，十分引人注目。而左下角的文字则处在人们视觉焦点对称的位置，以较小的面积让整个画面达到了一个平衡的状态。

（2）封面以白色作为主色调，将版面内容清楚地凸显出来。而在图案中，不同明度的蓝色的运用打破了在同类色的对比中统一明度的单调性，让整个画面具有一定的视觉层次感。

（3）在画面最左下角的小文字与主题文字一起增强了画面的稳定性，同时也让画面的细节效果更加丰富。左上角适当的留白给受众营造了一个很好的阅读环境。

常用配色方案

理智　　　　　　时尚　　　　　　环保

优秀作品欣赏

3.2　邻近色配色

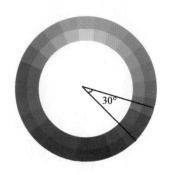

◎ 邻近色是在色相环内相隔 30°左右的两种颜色。邻近色的两种颜色组合搭配在一起，会让整体画面产生协调统一的效果。

◎ 例如，红、橙、黄以及蓝、绿、紫都分别属于邻近色的范围内。

邻近色搭配及色彩情感

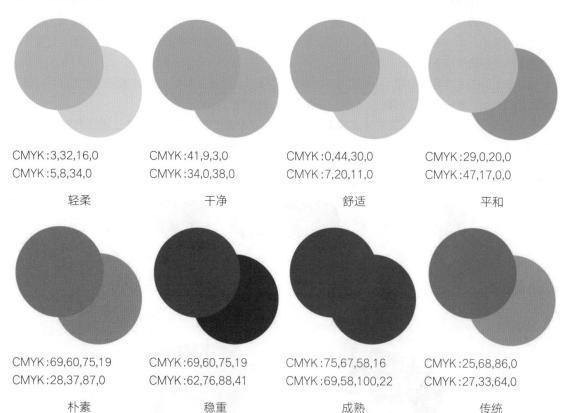

CMYK：3,32,16,0
CMYK：5,8,34,0

轻柔

CMYK：41,9,3,0
CMYK：34,0,38,0

干净

CMYK：0,44,30,0
CMYK：7,20,11,0

舒适

CMYK：29,0,20,0
CMYK：47,17,0,0

平和

CMYK：69,60,75,19
CMYK：28,37,87,0

朴素

CMYK：69,60,75,19
CMYK：62,76,88,41

稳重

CMYK：75,67,58,16
CMYK：69,58,100,22

成熟

CMYK：25,68,86,0
CMYK：27,33,64,0

传统

3.2.1 书籍版式的邻近色配色

主题调性

积极、活跃、理性、明亮。

典型案例分析

（1）这是 Ray Oranges 的书籍封面设计。采用分割型的构图方式将整个封面划分为上下并不均等的两部分。底部是由不同大小、不同颜色、不同形状的几何图形拼凑而成的图案，是整个封面的视觉焦点所在，具有很强的视觉吸引力。顶部是以较大、有衬线字体呈现的文字，这些文字与人们视觉焦点对称。让受众注意力在图案与文字之间徘徊，具有很强的视觉聚拢感。

（2）整个封面以红色为主，在与橙色的邻近色对比中，以明度、纯度适中的配色方式给人以活跃感。特别是少量明度较高的黄色的点缀，让这种氛围更加浓厚。底部青色与蓝色邻近色的添加则增强了整体的视觉稳定性。

（3）在顶部主标题文字周围添加小号文字，一方面具有很好的信息补充说明作用；另一方面丰富了画面的细节效果，不至于让顶部显得过于单调。

常用配色方案

积极　　　　　　安静　　　　　　活跃

优秀作品欣赏

 3.2.2　网页版式的邻近色配色

主题调性

　　动感、时尚、迸发、活跃。

典型案例分析

　　（1）这是一款极具艺术气息的网页设计。采用放射型的构图方式，将舞者从左侧破门而入的动态图像作为展示主图，右侧瞬间迸发的画面让整个网页具有很强的视觉动感，成为视觉焦点所在，具有很强的聚拢感。周围悬空的立体图形进一步增强了这种聚拢氛围。

　　（2）网页以蓝色为主，左侧人物使用了纯度较深的蓝色，增强了画面的稳定性。而右侧使用了红色与橙色，既增强了画面的层次感，又让整体具有和谐统一的节奏感。

　　（3）在图像正前方的白色文字提高了画面的亮度，同时将信息直接传达。而其他的小号文字具有信息补充说明的作用，同时也让网页的细节效果更加丰富。

常用配色方案

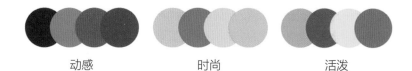

动感　　　　　　时尚　　　　　　活泼

优秀作品欣赏

3.2.3　广告版式的邻近色配色

主题调性

绿色、活泼、健康、动感。

典型案例分析

（1）这是 Arla 奶酪系列的平面广告设计。该版式采用倾斜型的构图方式，将文字和产品均以倾斜的方式进行呈现。而相对的倾斜方向让广告具有很强的视觉稳定性。以大小相同的长条矩形作为文字呈现的载体，是整个版面的视觉焦点所在，极具视觉聚拢感。在文字周围的产品以及水果直接表明了产品的口味，特别是环绕在文字周围的水果，既增强了画面的动感活力，又阻断了受众注意力外移的趋势。

（2）这个广告的色调以绿色为主，不同明度、纯度的绿色变化让画面具有很强的视觉层次感。而黄色的运用给人绿色健康的视觉感受。少量红色的点缀，与画面的主色形成了鲜明的对比，为画面增添了一抹亮丽的色彩。

（3）右下角呈现的 LOGO 对品牌的宣传与推广有积极作用。底部的小号文字具有解释说明与丰富细节效果的作用。

常用配色方案

安全　　　　　　　　活力　　　　　　　　个性

优秀作品欣赏

 3.3　类似色配色

◎ 在色环中相隔 60°左右的颜色为类似色对比。

◎ 例如，红和橙、黄和绿等均为类似色。

◎ 由于色相对比不强，类似色给人一种舒适、温馨、和谐并且不单调的感觉。

类似色搭配及色彩情感

CMYK:0,0,100,0
CMYK:45,0,100,0

活力

CMYK:57,30,0,0
CMYK:85,0,90,0

积极

CMYK:40,0,85,0
CMYK:60,0,9,0

清晰

CMYK:0,70,55,0
CMYK:71,58,9,0

鲜明

CMYK:5,7,54,0
CMYK:82,44,11,0

理性

CMYK:28,10,52,0
CMYK:69,29,11,0

随意

CMYK:13,1,86,0
CMYK:64,0,47,0

动感

CMYK:7,68,58,0
CMYK:71,98,9,0

幽默

 3.3.1　插画版式的类似色配色

主题调性

运动、激情、时尚、个性。

典型案例分析

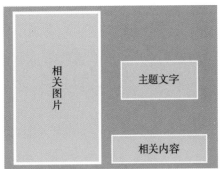

（1）这是 Reebok 体育俱乐部系列的插画广告设计。身着优雅礼服而手提运动鞋的插画人物被作为展示主图，这种极具创意的方式突出了俱乐部的宣传主题。作为视觉焦点的插画人物极具视觉聚拢感，画面右侧呈现的主题文字与画面的视觉焦点成对称关系，增强了画面的稳定性，整个画面主次分明，能够将信息有效地传达给受众。

（2）整个广告画面以粉色为主，尽显女性的知性与优雅。同时，少量橙色的点缀形成了类似色之间的对比，突出运动所具有的活力与动感。而适当黑色的运用让整个画面显得十分整洁统一。

（3）背景中大面积留白的运用，一方面为受众营造了一个很好的阅读与想象空间；另一方面也利于信息直接明了地传达。

常用配色方案

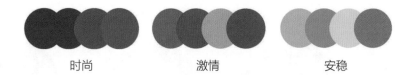

时尚　　　　　　　　激情　　　　　　　　安稳

优秀作品欣赏

  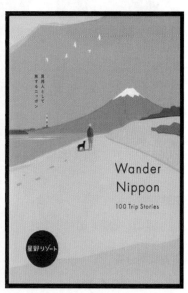

 3.3.2　海报版式的类似色配色

主题调性

稳重、含蓄、动感、知性。

典型案例分析

（1）这是 Young Book Worms 在世界读书日的海报设计。本案例采用三角形的构图方式，将由摞起来的书籍构成的人物头部外轮廓作为展示主图，直接表明海报的宣传主题。类似三角形的插画图案是整个海报的视觉焦点，极具视觉聚拢感与稳定性。而飘舞的纸张为海报增添了视觉动感。

（2）海报以红色和蓝色的类似色为主，二者纯度较低，明度适中，在对比中尽显书籍带给受众的内涵与知性。少量深色的运用显示出了书籍的厚重。只有静下心来阅读，才能让人的精神世界更加富足饱满。

（3）海报底部中间位置呈现的文字与标志，在直接传达信息的同时，也增强了整体的细节展示效果。特别是适当留白的运用，为受众营造了一个很好的阅读和想象空间。

常用配色方案

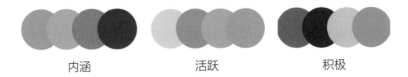

内涵　　　　　　活跃　　　　　　积极

优秀作品欣赏

3.3.3 名片版式的类似色配色

主题调性

冷静、稳重、镇定、安全。

典型案例分析

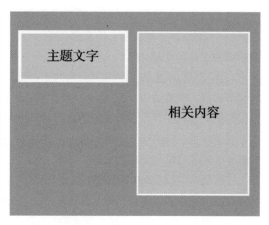

（1）这是 sbucal 牙科诊所的名片设计。本案例将抽象化的简笔插画牙齿作为名片背面的展示主图，直接表明了诊所的经营性质。牙齿插画图案中左右两侧的开口设计让其有呼吸顺畅之感。在名片正面左上角呈现的标志促进了品牌的宣传与推广。名片右侧整齐排列的文字，在直接传达信息的同时，也让名片具有和谐统一的节奏感。

（2）名片以蓝色和青色的类似色为主，明度和纯度的渐变过渡中，突显出诊所的专业。同时冷色调的运用，尤其是大面积蓝色的运用，极大限度地降低了患者的紧张心理与疼痛感。

（3）名片中大面积留白，一方面表明了诊所严谨理性的工作态度；另一方面又为受众营造了一个良好的阅读环境。

常用配色方案

稳重　　　　　　可爱　　　　　　干净

优秀作品欣赏

 ## 3.4　对比色配色

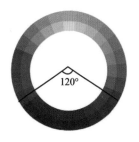

◎ 当两种或两种以上色相之间的色彩处于色相环 120°左右，或者小于 150°的范围以内时，属于对比色关系。

◎ 例如，橙与紫、红与蓝等色组属于对比色关系，给人一种强烈、明快、醒目、具有冲击力的感觉，容易引起视觉疲劳和精神亢奋。

对比色搭配及色彩情感

CMYK :0,0,90,0
CMYK :0,90,67,0

明朗

CMYK :85,0,40,0
CMYK :72,69,13,0

前卫

CMYK :50,0,0,0
CMYK :0,0,100,0

动感

CMYK :70,4,0,0
CMYK :0,53,75,0

坚定

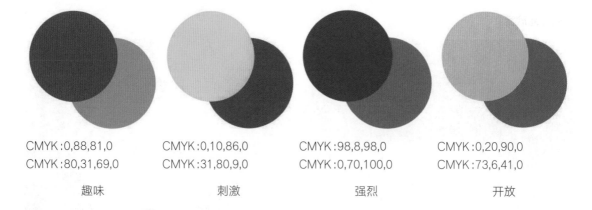

CMYK:0,88,81,0　　　　CMYK:0,10,86,0　　　　CMYK:98,8,98,0　　　　CMYK:0,20,90,0
CMYK:80,31,69,0　　　　CMYK:31,80,9,0　　　　CMYK:0,70,100,0　　　　CMYK:73,6,41,0

　　　趣味　　　　　　　　　刺激　　　　　　　　　强烈　　　　　　　　　开放

3.4.1　广告版式的对比色配色

主题调性

　　健康、明亮、稳重、新鲜、积极。

典型案例分析

　　（1）这是 Vegetable Smoothie 饮料的创意广告设计。本案例采用三角型的构图方式，直接将蔬菜作为展示主图在画面中间位置呈现，成为整个画面的视觉焦点，极具视觉吸引力。而类似杯子的蔬菜形状外观更是直接表达出产品的特征——饮料，同时也表明了产品的独特口味，将信息直接传达给受众。

　　（2）整个广告以葵锦紫为主，纯度较低，明度适中，让画面具有很好的视觉层次立体感。在鲜明的对比中，绿色叶子的添加突出果汁原材料的新鲜与健康。顶部黄色的点缀让整个画面具有统一和谐的紧凑感。

（3）在页面右下角呈现的标志和文字对品牌的宣传与推广有积极的推动作用。而背景中大面积留白的运用为受众营造了一个很好的阅读和想象空间。

常用配色方案

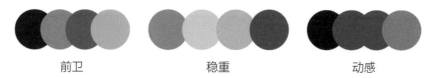

前卫　　　　　　　　　稳重　　　　　　　　　动感

优秀作品欣赏

 3.4.2　站牌广告版式的对比色配色

主题调性

活跃、热情、安全、稳重。

典型案例分析

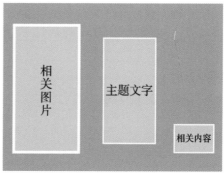

（1）这是 CHICKEN CAFE 炸鸡汉堡快餐店品牌形象的站牌广告设计。本案例中，将由几何图形拼凑而成的卡通公鸡作为展示主图，以极具创意与趣味性的方式直接表明了快餐店的经营性质。而且卡通公鸡作为整个版面的视觉焦点，具有很强的视觉吸引力。在版面右侧呈现的主标题文字与整个版面的视觉焦点成对称关系，主次分明，在清楚地传达信息的同时，也增强了画面的稳定性。

（2）站牌广告以橙色和红色为主，在鲜明的颜色对比中，突出了快餐店热情活跃的文化经营理念以及产品的新鲜与健康。同时，少量白色的点缀提高了画面的亮度。特别是黑色背景的运用，瞬间增强了整个版面的视觉稳定性。

（3）右下角圆形的添加，将受众视线及时阻断，使其不至于移出画面，在图案、主标题文字以及圆形三者之间流转徘徊。

常用配色方案

活跃　　　　　时尚　　　　　强烈

优秀作品欣赏

 3.4.3　电商美工版式的对比色配色

主题调性

绿色、天然、活跃、稳重。

典型案例分析

（1）这是一个有关甜食点心咖啡膳食产品的详情页设计。本案例中，将一个较大的正圆环作为图像呈现的限制范围，使其成为整个版面的视觉焦点，具有很强的视觉吸引力。而且盘子中摆放的产品以清晰直观的方式表明了企业的经营范围，同时也非常容易引起受众的兴趣，激发其购买的欲望。

（2）详情页以褐色为主，纯度较低，明度适中，能够将版面内容进行很好地呈现。绿色渐变圆环的运用直接表明了产品的绿色与天然。同时，在与橙色的鲜明对比中为画面增添了些许的活力与动感。

（3）在版面右上角以较大无衬线字体呈现的主题文字则处在版面的视觉焦点的对称位置上，利于人们对信息的阅读和接收。主题文字在与其他小号文字的共同作用下，将信息直接传达给受众，同时也丰富了整个画面的细节效果。

常用配色方案

安全　　　　　　　　趣味　　　　　　　　时尚

优秀作品欣赏

3.5 互补色配色

◎ 在色环中相差180°左右的色彩为互补色。这样的色彩搭配可以产生最强烈的刺激作用，对人的视觉具有最强的吸引力。

◎ 互补色配色的对比效果是最强烈的，给人的视觉感受也是最刺激的，如红与绿、黄与紫、蓝与橙。

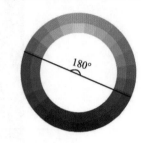

互补色搭配及色彩情感

CMYK:0,100,100,20
CMYK:50,0,100,20

鲜艳

CMYK:73,36,0,0
CMYK:0,33,95,0

活泼

CMYK:53,71,11,0
CMYK:0,0,100,0

强烈

CMYK:61,6,38,0
CMYK:20,74,71,0

跳跃

CMYK:90,63,73,33
CMYK:44,99,90,11

保守

CMYK:0,100,90,0
CMYK:80,31,69,0

喧闹

CMYK:0,62,79,0
CMYK:73,36,0,0

欢快

CMYK:71,98,9,0
CMYK:1,15,87,0

冲动

 3.5.1 标志版式的互补色配色

主题调性

悠闲、时尚、清凉、舒畅。

典型案例分析

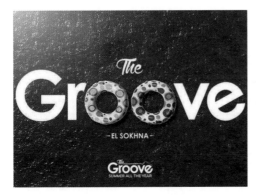

（1）这是 The Groove 度假胜地的宣传标志设计。本案例中，将浩瀚无垠的大海作为标志呈现的背景，直接表明了度假胜地的特征，而且具有很强的视觉延展性。以较大字号呈现的无衬线字体标志既是画面的展示主图，也是整个版面的视觉焦点，极具视觉吸引力。而且将标志中的两个字母 O 替换为游泳圈，极具创意，既保证了文字的完整性，又营造了浓浓的度假氛围。

（2）标志以纯度较低、明度适中的绿色为主，将大海深邃广阔的特征直接呈现出来。同时在与红色的互补色对比中，尽显度假带给受众的放松与舒畅。而且红色与橙色邻近色的对比让这种氛围更近一步，同时也为标志增添了一抹亮丽的色彩。

（3）主标题文字上下两端小号文字的添加，一方面便于直接传达信息；另一方面也增强了整个标志的细节效果。特别是适当留白的运用，为受众营造了一个很好的阅读和想象空间。

常用配色方案

醒目　　　　　　　　活跃　　　　　　　　稳重

优秀作品欣赏

🌑 3.5.2　海报版式的互补色配色

主题调性

　　热情、时尚、活力、鲜明。

典型案例分析

　　（1）这是百事公司旗下 Propel 低热量营养水活动的海报设计。本案例采用倾斜型的构图方式，将适当放大的无衬线字体文字以倾斜的方式呈现，将信息直接传达给受众的同时，也成了整个海报的视觉焦点，具有很强的视觉聚拢感。而文字旁以侧体站立的人物在与文字的相互交叉重叠中增强了画面的稳定性，同时也表现出了运动具有的力量与激情。

　　（2）海报以紫色为主，明度适中，少量较深纯度的紫色的点缀让画面具有视觉立体层次感。同时，纯度和明度都较高的黄色的运用与紫色形成互补色，不仅提升了海报的亮度，同时也给人活跃积极的视觉感受。

　　（3）在海报底部呈现的产品以及文字促进了品牌的宣传与推广，同时也丰富了整个海报的细节效果。

常用配色方案

激情　　　　　　　　　　鲜活　　　　　　　　　　积极

优秀作品欣赏

3.5.3 UI 版式的互补色配色

主题调性

理性、活跃、严谨、时尚。

典型案例分析

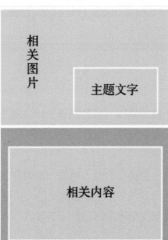

（1）这是某时间计划管理 App 的 UI 设计。本案例采用分割型的构图方式将整个版面一分为二。由简笔插画风格的风景图案作为版面顶部的展示主图，以生动形象的方式打破了纯色背景的单调与乏味。而飞舞的蜻蜓为版面增添了活力，使该图成为整个版面的视觉焦点，十分引人注目。

（2）版面以蓝色为主，不同明度、纯度的变化增强了版面的视觉层次感，也表现出时间管理的严谨与理性。同时，蓝色与其互补色橙色形成了对比，给人活力与积极的视觉感受。少量青色的点缀丰富了版面的色彩感。

（3）在分割部位的主标题文字则处在版面的视觉焦点的对称位置上，直接表明了该版面的性质特征。底部以圆角矩形呈现的小文字在整齐统一的排版中给受众直观的视觉印象。

常用配色方案

严谨　　　　　　　活跃　　　　　　　时尚

优秀作品欣赏

第 4 章

版式设计的
组成元素

　　版式设计在平面设计中占有最重要的位置。如果没有一个良好的呈现版式，再精致的图像和文字，也无法展现出其应有的内涵与底蕴。版式设计就好比人穿衣打扮，只有搭配得当，就算是普通服饰也可以呈现出独特的气场。

　　版式设计的组成元素包括文字、图片、图形、网格系统等。不同的元素具有不同的特征与个性，只有将其进行有机的组合，才能呈现出让人眼前一亮的版面效果。

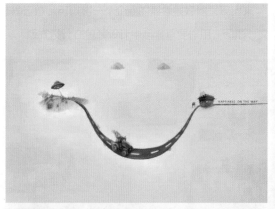

4.1　文字

文字作为平面设计中的重要组成元素，具有举足轻重的地位。文字不仅可以将信息传达给广大受众，而且可以起到丰富画面细节效果的作用。

在版式设计中，一般比较注重文字的对齐方式、排列方式、整体的主次关系等方面。因此，在进行相关的设计时，要根据版面的整体布局来对文字进行合适的编排。

 4.1.1　文字的对齐方式

文字一般有居左、居中、居右三种比较常用的对齐方式。将文字进行对齐排列，不仅可以让版面显得整齐、有秩序，而且可以为受众营造一个清晰的阅读环境。不同的版式会根据需要选择不同的对齐方式，在进行设计时需要视具体情况而定。

主题调性

精致、时尚、成熟、稳重。

典型案例分析

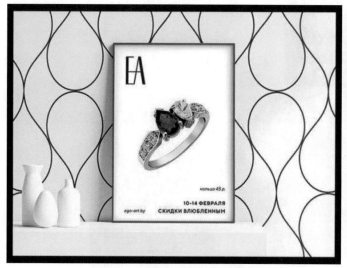

（1）这是 EGO-ART 珠宝连锁店品牌形象的广告宣传设计。本案例中，将适当放大的珠宝以倾斜的方式在画面中间位置呈现，直接表明了广告的宣传内容。不同颜色闪亮的钻石极具视觉冲击力，进一步呈现出珠宝的高端与精致。

（2）广告画面以白色为主，可以将版面内容清楚地展示。纯度和明度都较高的紫色和蓝色钻石为单调的画面增添了色彩。同时，适当黑色的运用增强了视觉稳定性。

（3）标志文字在左上角呈现，十分醒目，促进了品牌的宣传。右下角以右对齐方式呈现的文字排列整齐统一，达到有效传达信息的目的。

常用配色方案

时尚　　　　　　　柔和　　　　　　　朴实

同类优秀作品欣赏

 4.1.2　局部文字的突出强调

在进行设计时，为了让版面具有较强的视觉吸引力，可以对局部文字进行突出强调。这样不仅可以让画面具有较强的聚拢感，吸引更多受众的注意力，而且可以促进品牌的宣传与传播。

主题调性

健康、安全、纯净、信赖。

典型案例分析

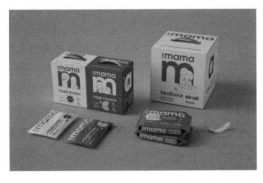
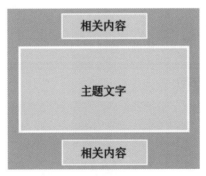

（1）这是 I'm mama 婴儿卫生用品的包装设计。本案例中，将标志文字中的字母 m 进行放大处理，使受众不由自主地将视线集中在字母 m 上。而卡通插画婴儿的添加直接表明了产品的经营性质，同时也让包装具有视觉层次的动感效果。

（2）包装以纯度较低、明度适中的蓝色为主，凸显出产品的安全与亲肤，更容易获得受众的信赖。而且白色的运用让这种氛围更加浓厚。

（3）包装图案上下两端呈现的文字具有解释说明与丰富细节效果的作用。

常用配色方案

稳重　　　　　　　　活跃　　　　　　　　纯净

同类优秀作品欣赏

4.1.3　文字的排列方式

在版式设计中，文字的排列方式同样至关重要。常见的文字排列方式有横排、竖排、绕排、自由排等，不同的设计主题会选择不同的文字排列方式。但总的来说，只有符合版面特征且清晰明了的排列方式，才会更加吸引受众的注意力。

主题调性

文艺、温柔、时尚、雅致。

典型案例分析

（1）这是一款女士夏季服饰的宣传网页设计。将模特展示作为网页的背景，直接表明了网站的宣传内容。对模特的适当模糊的处理为画面增添了些许的文艺气息。在人物上方居中排列的文字处在整个版面的视觉焦点位置，有利于信息的直接传达。

（2）网页以纯度较低、明度适中的橙色为主，营造了轻柔时尚的视觉氛围。而白色文字的点缀提高了整个画面的亮度。

（3）居中排列的文字，主次分明，有效地向受众传达信息，促进了品牌的宣传与推广。

常用配色方案

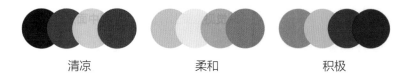

清凉　　　　　　　柔和　　　　　　　积极

同类优秀作品欣赏

4.1.4　文字的主次关系

在版式设计中，无论图形还是文字，都有主次之分。这样不仅可以让焦点更加突出，而且为受众的阅读提供了便利。因此，在进行版式设计时，一定要注重文字的主次，这样才能将信息进行清楚明了的传达。

主题调性

活跃、积极、新鲜、个性。

典型案例分析

（1）这是 Vital Aquatics 食品包装设计。将水中畅游的插画小鱼作为包装的展示主图，直接表明了产品的种类，极具创意感与趣味性。

（2）包装以明度和纯度适中的蓝色、红色以及橙色为主，不同的颜色表明了产品的不同口味。在鲜明的颜色对比中，丰富了版面的整体色彩质感。

（3）将主标题文字以较大字号的无衬线字体进行呈现，十分醒目，与整个包装的视觉焦点形成对称关系，利于人们对信息的接收。而添加的其他小号文字具有解释说明与丰富细节效果的作用。

常用配色方案

温暖　　　　　　　　热情　　　　　　　　理智

同类优秀作品欣赏

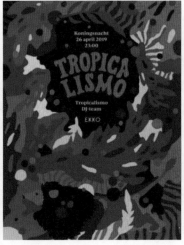

4.2 图片

与文字相比，图像具有更加直观的视觉印象。一个画面中图像越多，能够传达的信息量就越大，更容易吸引受众的注意力。所以说，图片在设计中必不可少。

在进行相关的版式设计时，通过对图片的摆放位置、所占面积大小、主次关系、传达出的视觉语言等方面的处理，可以让画面产生不同的效果。

4.2.1　图片的位置

　　在一个版式设计中，图片可以摆放在整个版面居中、居左、居右以及对角线上，图片的摆放位置是灵活可变的，没有固定的位置。在进行相关版式设计时，可以根据需要将图片摆放在合适的位置，只要整体美观大方，不妨碍受众进行阅读与品牌宣传即可。

主题调性

　　安全、稳重、理性、纯净。

典型案例分析

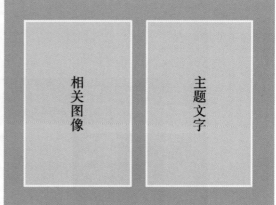

　　（1）这是一个甜品美食网页设计。本案例采用骨骼型的构图方式，将产品以俯拍的形式摆放在画面的左侧，直接表明了网页的宣传内容。细节较为丰富的甜品，可以极大限度地刺激受众味蕾，激发受众的购买欲望。

　　（2）网页以白色为主，凸显出企业十分注重产品的安全问题。产品的真实呈现进一步突出产品的新鲜、美味，利于获得受众的信赖。

　　（3）右侧呈现的文字主次分明，有效地向受众传达信息。而整齐有序的排列让画面具有很强的视觉节奏感。

常用配色方案

　　　　冷静　　　　　　　　柔和　　　　　　　　温暖

同类优秀作品欣赏

4.2.2　图片所占面积大小

　　图片所占面积大小在版式设计中也非常重要。大图片具有扩大版面、给受众一定的视觉震撼力的效果；小图片具有精密细致的特征；等大的图片具有理性和说服力，因此，不同面积的图片给人的感受是不一样的。在设计时要根据实际情况对图片所占面积的大小进行合适的调整。

主题调性

　　新鲜、天然、舒畅、通透。

典型案例分析

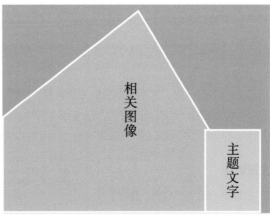

（1）这是 100% 纯天然果汁的创意广告设计。将一个局部放大且带有露珠的苹果图像作为展示主图，凸显出水果的新鲜与健康，给受众强烈直观的视觉震撼力。

（2）广告以纯度较低、明度适中的苹果本色红为主，以最直接明了的方式表明企业十分注重产品的安全问题，同时，不同明度和纯度之间的变化让版面具有立体层次感。

（3）右下角呈现的产品以及文字在直接传达信息的同时，进一步促进了品牌的宣传与推广。

常用配色方案

<table>
<tr><td>活泼</td><td>朴素</td><td>跳跃</td></tr>
</table>

同类优秀作品欣赏

 4.2.3　图片的主次关系

在版式设计中，文字的编排有主次关系，同样，图片的排版也有主次关系，特别在使用多张图片进行排版时。版面是一个有限的空间，在进行排版时，要注意把握好图片之间的主次关系。图片主次分明的版式设计，不仅可以在视觉上扩充版面空间，而且也为受众阅读提供一定的便利。

主题调性

稳重、明了、成熟、理性。

典型案例分析

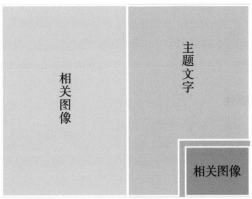

（1）这是匈牙利 *Foerdos Ze* 烹饪杂志的一个版面设计。本案例中，将一个主食大图片直接铺满左侧的版面，给受众强烈的视觉冲击力。而在右下角摆放了甜点的小图片，甜点是对主食的补充，符合匈牙利人的饮食习惯，在主次分明中进一步刺激受众的味蕾。

（2）版面以纯度较低、明度稍高的灰色为主，突出显示深色的食物。适当白色的点缀提高了整个版面的亮度。

（3）版面右侧几乎被骨骼型排列的文字全部占据，文字排列整齐统一，能有效地传达信息，使整个版面具有紧凑和谐的节奏感。

常用配色方案

文艺　　　　　　　　沉静　　　　　　　　内敛

同类优秀作品欣赏

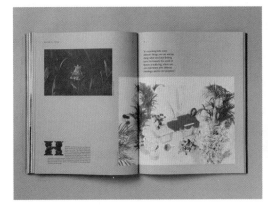
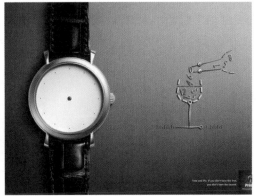

4.2.4　图片的视觉语言

文字、图形、图像等版式设计的组成元素都具有视觉语言，通过对这些元素大小、所占面积、颜色等进行设计，在无形中带动受众的视觉感官，进行情感的传达。特别是图片，由于其具有更加丰富的画面效果与色彩，相对于其他元素来说更容易吸引受众的注意力。

主题调性

清新、安全、时尚、淡雅。

典型案例分析

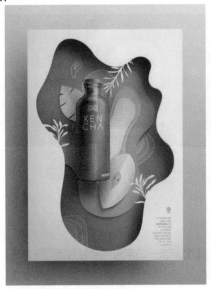
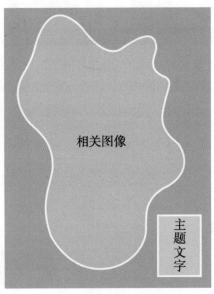

（1）这是 Xencha 茶饮料的精美海报设计。本案例以一个闭合的曲线图形作为图像呈现的限制范围，具有很强的视觉聚拢感。同时在画面中间偏左的位置呈现产品，在简单的设计中给人精致简约的视觉感受。

（2）海报以纯度较高、明度适中的绿色为主，象征企业十分注重产品安全的文化经营理念。而且背景中不同明度和纯度的变化，让画面具有很强的立体层次感。

（3）在版面右下角呈现的文字排列得整齐有序，将信息直接明了地传达给受众的同时，也丰富了版面的细节效果。

常用配色方案

清新　　　　　　　　动感　　　　　　　　理智

同类优秀作品欣赏

4.3 图形

　　图形作为版式设计的组成元素，在版式设计中经常使用。闭合的图形可以让画面具有很强的视觉聚拢感，吸引受众的注意力。根据版面性质与呈现内容的不同，设计不同形状与大小的图形会给受众带来不同的视觉感受。

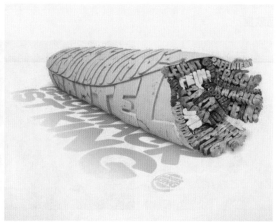

4.3.1 图形的类型

简单来说，图形可以分为几何图形、插画、抽象图形等。运用规则的几何图形，可以通过简单直接的方式将信息传达给受众；运用插画，不仅可以将复杂的场景简单化，而且可以吸引受众的注意力；运用抽象图形，则为受众营造了一个广阔的想象空间。

主题调性

卡通、稳重、个性、活跃。

典型案例分析

（1）这是 PLAYIN IS LEARNING 儿童博物馆广告设计。本案例采用倾斜型的构图方式，由简单几何图形构成的卡通图案作为广告版面的展示主图，以极具创意的方式将人与猴子结合，表明了广告的宣传内容。简笔插画的添加让图案的形象更加生动。

（2）广告以纯度和明度都较深的紫色作为背景主色调，给受众稳重成熟的视觉感受。而图案中棕色的运用，在对比中凸显出博物馆文化的厚重。

（3）摆放在画面左侧的文字主次分明，可以有效地传达信息。同时，适当的留白为受众营造了一个良好的阅读环境。

常用配色方案

积极　　　　　　成熟　　　　　　理智

同类优秀作品欣赏

 4.3.2　图形的外观形式

图形的外观形式一般包含方形、圆形、三角形等。在版式设计中，为了增强版面的视觉吸引力以及画面稳定性，需要将图形以不同的外观形式进行呈现。不同的外观形式具有不同的特征与个性，在进行设计时要根据需要进行合理的选择。

主题调性

清凉、健康、纯净、新鲜。

典型案例分析

（1）这是清新口味的 FRUIT STOP 冰棒的包装设计。本案例中，由两个圆角矩形组合而成的冰棒外观是包装文字呈现的限制范围，通过这种极具创意的方式吸引受众的注意力，同时表明产品特性。

（2）此包装设计以白色为主，可以清楚地呈现版面内容。特别是明度、纯度适中的绿色颜色的运用，一方面凸显出产品的健康；另一方面为炎炎夏日带来了清凉。

（3）包装上主次分明的文字，在将信息直接传达的同时，也丰富了细节效果。

常用配色方案

跳动　　　　　　　柔和　　　　　　　温柔

同类优秀作品欣赏

4.3.3　图形的文字性

所谓图形的文字性，就是图形文字，即由不同大小的文字构成一个图形。这样不仅可以保持图形的完整性，而且可以进行信息的传达，具有较强的创意感与趣味性。由于构成的图形多为闭合图形，因此图形具有视觉聚拢感。

主题调性

沉静、稳重、时尚、个性。

典型案例分析

（1）这是麦当劳咖啡的字体广告设计。本案例中，由不同大小与形状的文字图形作为杯壁，这样既保证了文字图形的完整性，同时也将信息进行传达，极具创意感与趣味性。

（2）广告以纯度稍高、明度适中的青色为主，给人清凉但却不失时尚的视觉感受。深色文字的运用增强了画面的稳定性。

（3）在右下角呈现的标志直接表明了企业性质，同时也丰富了整个画面的细节效果。

常用配色方案

　　　　复古　　　　　　　　　柔和　　　　　　　　　文艺

同类优秀作品欣赏

 4.3.4　图形的组合方式

图形的组合方式一般分为块状组合和散点组合两种。块状组合就是将图形集中一处呈现，具有一定的视觉聚拢感；散点组合则是将图形在版面中以相对散开的形式进行呈现，具有较好的灵活性。

主题调性

柔和、时尚、积极、鲜明。

典型案例分析

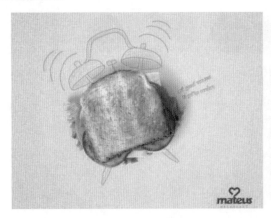 

（1）这是 Mateus 巴西食品创意海报设计。将早餐与简笔插画构成的闹钟图案作为展示主图，以块状的形式给受众直观的视觉印象，具有很强的创意感。

（2）海报以纯度较高、明度适中的橙色为主，与早餐颜色相一致，给人一种强烈的食欲感，同时使画面和谐统一，增强画面的节奏感。

（3）在右下角呈现的标志对品牌宣传与推广具有积极的推动作用。背景中适当留白的运用为受众营造了一个很好的阅读和想象空间。

常用配色方案

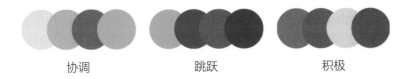

协调　　　　　　　　跳跃　　　　　　　　积极

同类优秀作品欣赏

4.4　网格系统

网格系统就是在设计之前将整个版面划分为具有一定规则的网格。这种设计在添加图像、文字、图形等内容时非常便利，同时也让版面十分整齐统一。网格数量与图文摆放位置的不同，版面设计也会呈现出不同的效果。

网格系统多应用于书籍、杂志、网页、UI 等方面的排版设计。虽然网格系统具有规整严格的特征，但在进行相应的设计时，可以根据需要将网格进行合并或者拆分，增加版面的灵活性和可变动性。

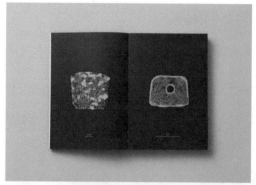

4.4.1 网格系统的类型

网格系统的类型可以分为对称型与非对称型两种。相对于对称型来说，非对称型具有更强的灵活性，给人的感觉更加活跃。但无论是哪一种类型的网格系统，都要根据具体的实际情况进行选择。

主题调性

时尚、鲜明、活跃、动感。

典型案例分析

（1）这是国外优秀 Web 网页设计。本案例中，将一个装饰漂亮的商店展架图像作为背景，而且以对称型的构图方式直接表明了店铺的经营性质。在版面中间的位置以简洁的网格进行呈现，使画面具有很好的视觉延展性和空间感，同时也将人们的视线集中在一点，具有较强的视觉聚拢感。

（2）网页以纯度稍低、明度适中的粉色为主，凸显出店铺活跃的气氛和独具时尚个性的文化经营理念。少量纯度较高的黄色、蓝色、青色的点缀，形成了颜色上的对比，丰富了整体的色彩感。

（3）在版面中主次分明的文字具有解释说明与丰富细节效果的双重作用。

常用配色方案

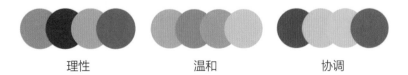

理性　　　　　　　温和　　　　　　　协调

 4.4.2　网格系统中的图文位置

　　图文位置在版式设计中至关重要。网格系统本身具有较强的规整统一性，但缺少一定的灵活性。在进行版式设计时，可以适当调整图文位置，为版面增添一定的活泼感与生动性。

主题调性

　　稳重、理性、个性、时尚。

典型案例分析

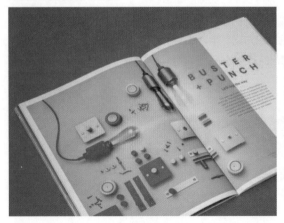

（1）这是一个精美的杂志版式设计。占据整个版面 3/4 的图片作为展示主图，给受众直观的视觉印象。图片的摆放位置打破了传统，具有一定的灵动性，为画面增添了活力。

（2）版面以纯度偏低、明度适中的灰色为主，让图像十分清楚地进行呈现。而白色的添加提高了整个版面的画面亮度，同时也增添了些许的文艺气息。

（3）在图像右侧边缘位置呈现的文字主次分明，可以有效地传达信息，同时整齐统一的排列方式也增强了版面的节奏韵律感。版面中留白的运用给版面增加了空间感。

常用配色方案

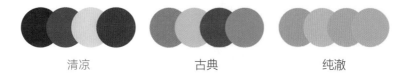

清凉　　　　　　　　古典　　　　　　　　纯澈

同类优秀作品欣赏

 4.4.3　网格系统中的网格数量

在版面中添加网格作为辅助，可以为设计带来很多便利。而网格数量的多少不仅可以显示出图文数量的多少、版面的繁简程度，而且可以显示出设计者的思路与规划。在实际的版面设计中，可以根据版面的风格、版面的主题和信息量的需求对网格数量进行调整。

主题调性

精致、时尚、稳重、高端。

典型案例分析

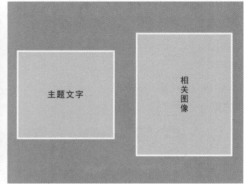

（1）这是国外关于耳机的创意网页设计。整个版面比较简单，所传递的信息量较少，所以要用到的网格数量相对较少。将产品直接在画面右侧呈现，给受众直观的视觉印象。

（2）版面以纯度和明度都较深的灰色为主，凸显出产品的精致与时尚。少量红色的点缀提升了产品的活跃度。白色文字的添加则提高了画面的亮度。

（3）在左侧以及顶部主次分明的文字可以有效地传达信息。而且在网格的作用下，尽显版面的规整与统一。

常用配色方案

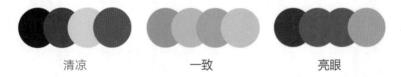

清凉　　　　　　　　一致　　　　　　　　亮眼

同类优秀作品欣赏

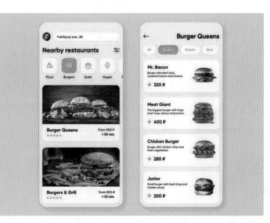

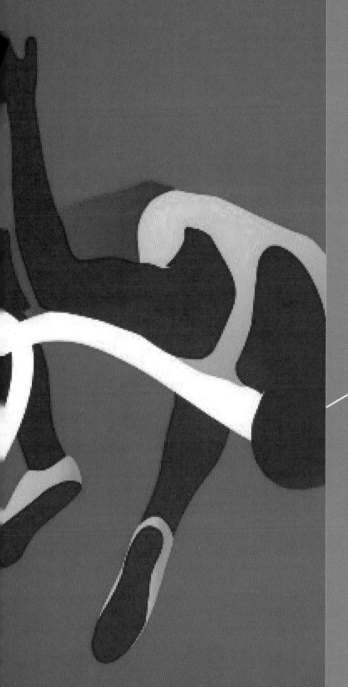

第 5 章

版式设计的十
种构图方式

版式设计，就是将文字、图形、图像等进行合理有序的排列，在传达信息的同时，又可以为受众带去美的享受，同时还可以促进品牌的宣传。

　　常见的版式设计有满版型、骨骼型、分割型、对称型、中轴型、倾斜型、曲线型、三角型、重心型、无规律型等十种构图方式。不同的构图方式有不同的构图特征及功效，因此在进行相关的设计编排时，可以根据不同的需求来选择合适的构图方式。

5.1　满版型版式设计

　　满版型就是将主体图像充满整个版面，而将文字放置在主体图像的左、右、上、下甚至中间部位的版式样式。满版型的版面主要以图像来传达主题信息，以最直观的表达方式向众人展示其主题思想。

◎ 多以图像或场景充满整个版面，具有丰富饱满的视觉效果。

◎ 凸显产品细节，容易获得受众信赖。

◎ 文字编排可以体现版面的空间感与层次感。

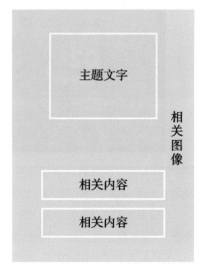

"满版型"版式设计推荐

规整

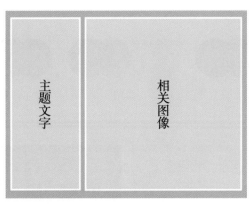

饱满

时尚

 5.1.1　UI 的"满版型"版式设计

主题调性

　　清凉、天然、舒畅、通透。

典型案例分析

（1）这是一款旅游 App 版面设计。采用满版型的构图方式，将旅游景点的局部风景作为整个版面的背景图像，给受众直观的视觉印象。超出画面的部分具有很强的视觉延展性，为受众营造了一个很好的想象空间。

（2）画面整体以青色为主，明度和纯度适中，凸显了水域的清澈通透。而少量深色陆地的添加，一方面增强了画面的稳定性，另一方面也增强了视觉层次感。

（3）以左对齐呈现的文字，在整齐有序的排版中将信息进行清楚明了的传达。文字之间主次分明，不仅增强了整个版面的空间感，而且丰富了版面的细节效果。

常用配色方案

清凉 　　　　　　　柔和 　　　　　　　理智

同类优秀作品欣赏

5.1.2 广告的"满版型"版式设计

主题调性

鲜活、健康、明亮、新鲜。

典型案例分析

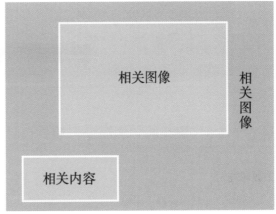

（1）这是 Squeeze 果汁平面广告设计。本案例中，将果汁的原材料——水果以堆积的方式充满整个版面，以直观的方式表明了产品的口味，而且也凸显出果汁的新鲜与健康。不仅利于获得受众的信赖感，而且能激发受众的购买欲望。

（2）整个广告以水果本色为主，纯度适中，明度稍高，尽显水果本身的光泽与天然。特别是少量深绿色的点缀，让广告具有较强的视觉层次感。

（3）在水果背景中倾斜呈现的产品对品牌具有积极的宣传与推广作用。在左下角呈现的标志与简笔瓶装插画丰富了整体画面的细节效果。

常用配色方案

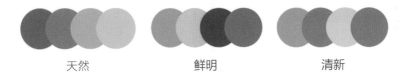

天然　　　　　　　鲜明　　　　　　　清新

同类优秀作品欣赏

 5.1.3 海报的"满版型"版式设计

主题调性

清新、悠然、安静、平和。

典型案例分析

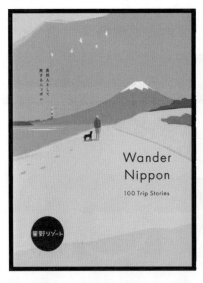

（1）这是日式小清新风格的插画海报设计。本案例中，将人物和小狗共同漫步的插画图案作为海报的展示主图，营造了一个悠闲舒适的视觉氛围，让人有一种瞬间放空自己的感受。

（2）海报以纯度较低的蓝色和粉色为主，两种颜色形成了鲜明的对比，尽显画面的清新与淡然。特别是不同明度和纯度的蓝色的运用，让画面具有视觉层次感。用少量明度较高的黄色对画面进行点缀，提升了整个画面的亮度。

（3）在版面不同位置呈现的文字主次分明，可以有效地传达信息，同时也增强了整体版面的细节效果与画面稳定性。

常用配色方案

稳重　　　　　　　清新　　　　　　　复古

同类优秀作品欣赏

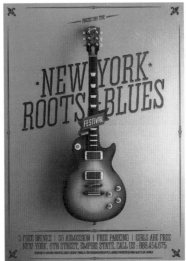

 ## 5.2　骨骼型版式设计

骨骼型是将版面刻意按照骨骼的规则，划分为若干块规则的区域，是一种非常规范化的版式，多用于书籍、杂志、网页等的版式设计。骨骼型可分为竖向通栏、双栏、三栏、四栏等，而大多数版面都使用竖向分栏。

◎ 具有较强的严谨统一性，表现形式与内容传达更合乎逻辑，给受众清晰明了的视觉感受。

◎ 通过合并或者取舍部分骨骼，寻求新的造型变化，可以使版面变得更加活跃、有弹性。

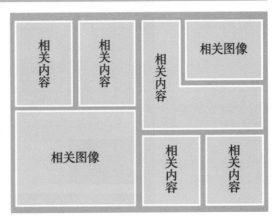

"骨骼型"版式设计推荐

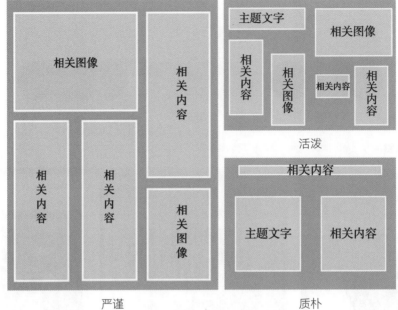

严谨   质朴

活泼

5.2.1 杂志的"骨骼型"版式设计

主题调性

理性、稳重、客观、沉稳。

典型案例分析

（1）这是国外一款杂志的内页设计。采用骨骼型的构图方式，将文字和图像进行整齐有序的排列，使整个版面整齐有序。顶部占据半个版面的图像是人们的视觉焦点所在，引人注目。而在左下角小一些的图像将受众的注意力很好地聚拢在文字部分。

（2）整个版面以白色为主，可以将内容清楚地呈现。纯度较低的橙色的运用增强了画面的视觉稳定性，同时营造出一股浓浓的复古气息。

（3）通过整齐的排版图像周围的段落文字可以将信息清楚地传达给受众。

常用配色方案

活力　　　　　　　　和谐　　　　　　　　精致

同类优秀作品欣赏

 5.2.2　书籍的"骨骼型"版式设计

主题调性

明亮、健康、理性、活泼。

典型案例分析

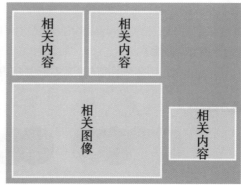

（1）这是 The Report 功能性饮食健康食品书籍内页设计。采用骨骼型的构图方式将图像和文字进行规整排列，尽显画面的整齐与统一，便于人们对信息的接收。同时，舍去部分骨骼为画面增添了活力。

（2）整个版面以白色为主，可以将内容清楚地呈现。红色、橙色、蓝色等颜色的运用为单调的画面增添了一抹亮丽的色彩，在鲜明的颜色对比中，凸显出食物的健康与新鲜，点明了书籍的内容。

（3）书籍内页中适当留白的运用，一方面给整个版式增加了空间感；另一方面也为受众营造了一个很好的阅读环境。

常用配色方案

鲜活　　　　　　　　　积极　　　　　　　　　镇静

同类优秀作品欣赏

5.2.3 网页的"骨骼型"版式设计

主题调性

沉稳、时尚、高雅、精致。

典型案例分析

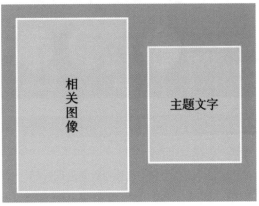

（1）这是 B&O Play 扬声器与耳机品牌网页设计。采用骨骼型的构图方式将文字和产品图像分别在左右两栏进行呈现，利用整齐有序的排版将信息直接传递给受众。位于视觉焦点的产品具有很强的视觉吸引力，让人不由自主地将视线集中在产品上。

（2）网页以灰色为主，背景中浅灰色的运用可以将版面内容清楚地呈现。而产品和文字中不同明度和纯度的深灰色的运用，尽显产品的精致，同时也增强了画面的稳定性。

（3）网页中主次分明的文字，在传达信息的同时，也丰富了细节效果。

常用配色方案

理智　　　　　　稳定　　　　　　沉静

同类优秀作品欣赏

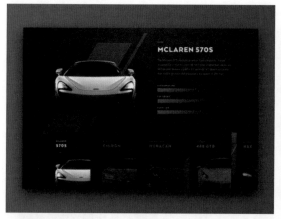 

5.3 分割型版式设计

分割型，顾名思义，就是将版面进行分割。该种构图一般可分为上下分割、左右分割、斜向分割等不同的类型。无论采取哪一种分割方式，都要处理好文字与图像的排列关系。分割型构图更重视艺术性与表现性，通常可以给人稳定、优美、和谐、舒适的视觉感受。

◎ 具有较强的灵活性，在不同颜色的对比下，增强版面的视觉冲击力。

◎ 利用矩形色块分割画面，可以增强版面的层次感与空间感。

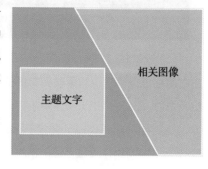

"分割型"版式设计推荐

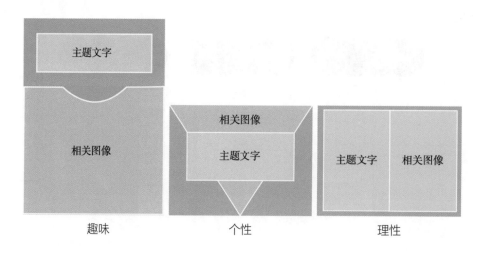

趣味　　　　　　　　个性　　　　　　　　理性

5.3.1 名片的"分割型"版式设计

主题调性

个性、质感、稳重、精致。

典型案例分析

 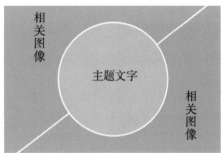

（1）这是一款漂亮的玫瑰金大理石纹理名片设计。名片背面沿对角线一分为二，不同颜色的对比打破了纯色背景的单调与乏味，为名片增添了些许的活跃。

（2）名片以黑色和金色为主，明度和纯度适中，尽显拥有者的品质与个性。特别是大理石纹理的添加，在不规则的变化中，为名片增添了活跃感。而深色的运用增强了整体的稳定性，显示出企业的稳重与成熟。

（3）以一个正圆形作为标志文字呈现的载体具有很强的视觉聚拢感，对品牌宣传具有积极的推动作用。

常用配色方案

环保　　　　　　　保守　　　　　　　朴实

同类优秀作品欣赏

5.3.2 网页的"分割型"版式设计

主题调性

稳重、个性、冷静、镇定。

典型案例分析

（1）这是国外一个精美的网站设计。采用分割型的构图方式，以一条不规则曲线作为网页的分割线，相对于直线段来说，曲线更具有活力，而且右侧展示的图像让这种活力又增添了几分。

（2）整个网页以青蓝色和黑色为主，在不同明度和纯度颜色的对比中，让分割效果更加明显，同时也让网页具有一定的视觉层次感。而少量白色的点缀，则提高了画面的亮度。

（3）左侧主次分明的文字可以直接传达信息，同时也让整个版面具有整齐统一的节奏感。

常用配色方案

动感　　　　　　醒目　　　　　　高雅

同类优秀作品欣赏

5.3.3 书籍的"分割型"版式设计

主题调性

稳重、理智、成熟、冷静。

典型案例分析

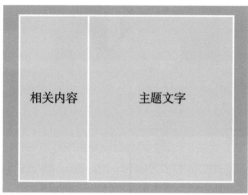

（1）这是意大利出版社 Caffeorchidea 系列书籍封面设计。此封面设计采用分割型的构图方式将整个封面划分为大小不均等的两个部分。同时，在左右不同颜色和不同大小的鲜明对比中，给受众一种活跃个性的视觉感受。

（2）封面以黑色、蓝色、粉色为主，明度和纯度适中。蓝色与粉色形成了冷暖色调的对比，让封面更具有视觉冲击力；粉色的运用给画面增加了些许的暖意；而黑色背景的运用则增强了整体的视觉稳定性。

（3）以较大字号呈现的主标题文字可以直接传达信息，同时具有很强的视觉吸引力。一些小字号文字的运用则具有解释说明与丰富细节效果的双重作用。

常用配色方案

老练　　　　　　　　清晰　　　　　　　　积极

同类优秀作品欣赏

 # 5.4　对称型版式设计

对称型版式设计，即版面以画面中心为轴心，构图方式呈上下或左右方向的对称编排。对称型的构图方式可分为绝对对称型与相对对称型两种。相对于绝对对称来说，相对对称更加灵活一些，也是设计中用得比较多的版式类型。

◎ 版面多以图形元素来表现对称，有着平衡、稳定的视觉感受。

◎ 相对对称的构图方式可以避免版面过于呆板乏味，同时还能给人均衡协调的视觉美感。

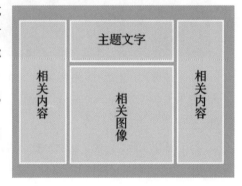

"对称型"版式设计推荐

简约　　　　　　　　　　　稳定　　　　　　　　　　　严谨

5.4.1 电商美工的"对称型"版式设计

主题调性

安全、天然、活力、清新。

典型案例分析

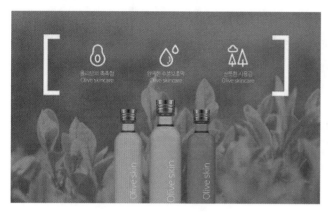 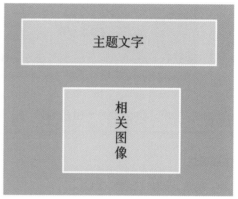

（1）这是某橄榄护肤品宣传详情页设计。本案例采用对称的构图方式，以中间绿色包装产品作为对称轴，让画面具有整齐统一的和谐感。以绿色植物作为背景，凸显出企业十分注重产品原材料的天然与健康。

（2）画面整体以绿色为主，在不同明度和纯度的变化中，增强了详情页的视觉层次感。而产品包装中纯度较深的红色和橙色的运用为画面增添了一抹亮丽的色彩。

（3）产品顶部以骨骼型排列的文字可以有效地传达信息。而添加的白色中括号增强了视觉聚拢感。

常用配色方案

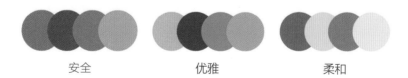

安全　　　　　　优雅　　　　　　柔和

同类优秀作品欣赏

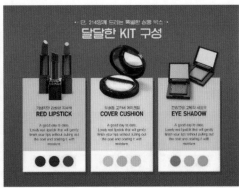

5.4.2 杂志的"对称型"版式设计

主题调性

精致、奢华、淡雅、稳重。

典型案例分析

（1）这是 *GalerieVoigt* 珠宝艺术杂志的某个内页设计。本案例采用对称型的构图方式将适当放大的珠宝在版面中间位置呈现，给受众直观的视觉印象，直接表明了杂志的宣传内容。

（2）杂志版面以白色为主，可以清楚明了地呈现内容。在光照的作用下，金色的珠宝尽显精致时尚的金属质地，是版面的视觉焦点所在，十分引人注目。

（3）珠宝下方以骨骼型呈现的文字可以将信息清楚明了地传达给受众，同时也让画面具有和谐统一的节奏感。

常用配色方案

温和　　　　　　冷淡　　　　　　纯澈

同类优秀作品欣赏

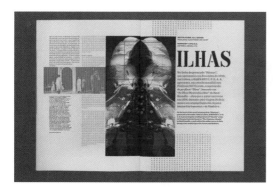

5.4.3 广告的"对称型"版式设计

主题调性

神秘、亮眼、个性、鲜活。

典型案例分析

（1）这是美国 Pump House 甜品在万圣节的创意宣传广告设计。将冰淇淋的顶部作为展示主图，直接表明了店铺的经营性质。而在冰淇淋上方添加的两个巧克力碎片让产品瞬间鲜活起来，使冰淇淋看起来更加美味，同时也烘托出了浓浓的节日氛围。

（2）广告以深青色为主，明度较亮，纯度较低，将万圣节的节日气氛进一步烘托。而白色冰淇淋的添加则提高了整个版面的亮度，使其成为视觉焦点所在。

（3）在顶部呈现的标志以及文字，将信息直接传达。特别是中间大面积留白的运用，为受众营造了一个很好的阅读和想象空间。

常用配色方案

欢快　　　　　　　可靠　　　　　　　活力

同类优秀作品欣赏

 # 5.5　中轴型版式设计

中轴型版式设计就是在版面中将相关图像以垂直或者水平方式排列，而将文字在相关图像的上下或者左右位置呈现的版式类型。中轴型版式与对称型版式类似，但中轴型版式更加活跃一些，对版式也没有过于严苛的要求。

◎ 水平方向排列的版面，具有稳定、平和的特征。

◎ 垂直方向排列的版面，给人活跃积极感，并具有一定的动感气息。

◎ 图像和文字的排版具有较大的灵活性与可调配性。

"中轴型"版式设计推荐

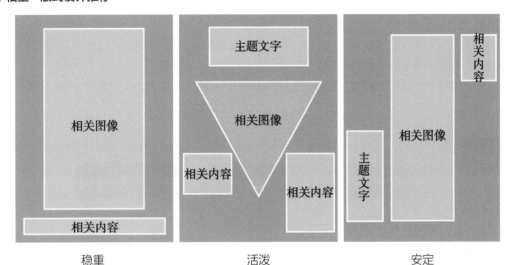

稳重　　　　　　　　　活泼　　　　　　　　　安定

 5.5.1　海报的"中轴型"版式设计

主题调性

清新、活跃、时尚、动感。

典型案例分析

（1）这是一款以汽车为主题的优秀海报设计。本案例采用中轴型的构图方式将垂直的汽车摆放在画面中间位置，直接表明了海报的宣传内容。而且汽车具有很强的视觉刺激，给人留下想象的空间，画面极具延展性和创意感。

（2）海报以绿色为主，纯度较高，明度适中，给人清新亮丽的视觉感受。而且汽车运用了颜色稍深一些的绿色，增强了海报的视觉层次感。而少量红色的点缀让画面尽显活力。

（3）在汽车周围呈现的文字主次分明，可以有效地传达信息。整齐有序的排列方式让海报具有很强的节奏感。

常用配色方案

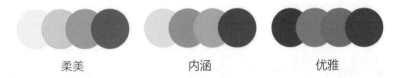

柔美　　　　　　　　　内涵　　　　　　　　　优雅

同类优秀作品欣赏

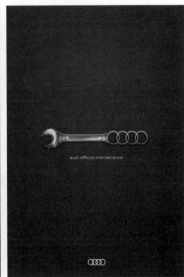

 5.5.2　站牌广告的"中轴型"版式设计

主题调性

鲜艳、活泼、时尚、稳重。

典型案例分析

（1）这是麦当劳新饮品系列宣传广告设计。本案例中，将产品按照由近及远的排列方式在版面中间位置呈现，给受众留下直观的视觉印象，同时也促进了品牌的宣传与传播。

（2）广告以红色为主，明度和纯度适中，可以清晰地呈现出版面内容。产品包装中蓝色、红色、橙色等色彩的运用对比鲜明，给人活跃积极的视觉感受。

（3）在产品上下两端主次分明的文字可以直接传达信息。较大字号的、白色的无衬线主标题文字十分引人注目。

常用配色方案

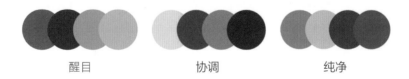

醒目　　　　　　　协调　　　　　　　纯净

同类优秀作品欣赏

 5.5.3 标志的"中轴型"版式设计

主题调性

优雅、知性、柔和、和谐。

典型案例分析

 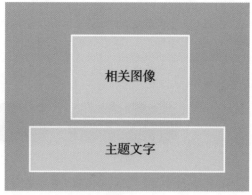

（1）这是"爱美丽"美甲美睫纹绣工作室的标志设计。本案例采用中轴型的构图方式将简笔插画动物作为标志图案在版面中间位置呈现，是整个版面的视觉焦点所在，十分引人注目。

（2）标志以红色为主，明度和纯度适中，给人柔和雅致的视觉感受。特别是不同明度和纯度的变化让标志具有一定的视觉层次感。

（3）在图案下方主次分明的文字可以直接传达信息。矩形边框的添加增强了视觉聚拢感，对品牌宣传与推广有积极的促进作用。

常用配色方案

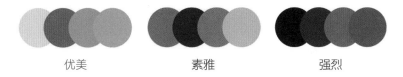

优美　　　　　　素雅　　　　　　强烈

同类优秀作品欣赏

 5.6　倾斜型版式设计

　　倾斜型版式设计是将版面中的主体图形、图像、文字等视觉元素按照倾斜的视觉流程进行编排的设计。使版面产生强烈的动感，是一种常用且具有个性的构图方式。

　　在运用倾斜型版式设计时，要严格按照主题内容来掌控版面元素的倾斜程度，使版面整体在具有动感个性效果的同时又不失理性。

◎ 画面具有较强的动感气息，给受众以一定的视觉冲击力。

◎ 将图像与文字有机结合，增强版面的节奏感与稳定性。

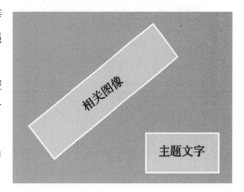

"倾斜型"版式设计推荐

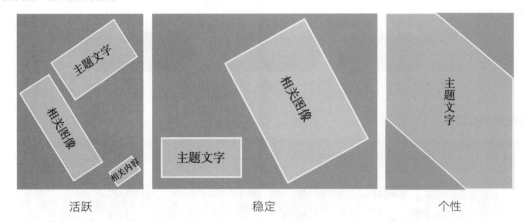

活跃   稳定   个性

5.6.1　电商美工的"倾斜型"版式设计

主题调性

稳重、时尚、明了、规整。

典型案例分析

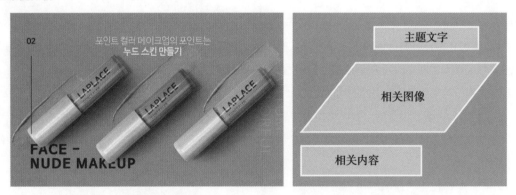

（1）这是一款化妆品的详情页展示设计。在本案例中，将产品以倾斜的方式呈现在版面中间，直接表明了店铺的经营性质。特别是对产品内部质地的呈现，使受众一目了然，利于获得受众的信任。同时倾斜的产品对人们的视线具有引导的作用，更利于人们对信息的接收。

（2）详情页以黄色为主，纯度稍低，明度适中，稳重但不失时尚。产品运用了纯度较低的粉色，在颜色对比中尽显时尚与个性。

（3）产品上下两端主次分明地添加了文字，在直接传达信息的同时，也丰富了整体的细节效果。

常用配色方案

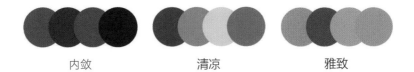

内敛　　　　　　　　清凉　　　　　　　　雅致

同类优秀作品欣赏

 5.6.2　海报的"倾斜型"版式设计

主题调性

　　健康、警惕、理性、稳重。

典型案例分析

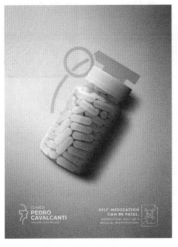

（1）这是巴西 PEDRO CAVALCANTI 诊所的宣传海报设计。本案例采用倾斜型的构图方式，将类似于手雷形状的药瓶在画面中间呈现，处于整个版面视觉焦点所在的位置，吸引受众的视线，同时以这种极具创意的方式表明海报"私自用药可能致命"的宣传主题。

（2）海报以纯度较低的橙色为主，在不同明度和纯度的渐变中，重点呈现了展示主体。特别是中间的亮度，十分引人注目，提高了整个画面的亮度。

（3）在产品底部的文字主次分明，排版规则整齐，可以有效传达信息，海报中适当留白的运用为受众营造了一个很好的阅读和想象空间。

常用配色方案

鲜活　　　　　　　　强烈　　　　　　　　内敛

同类优秀作品欣赏

5.6.3　网页的"倾斜型"版式设计

主题调性

科技、成熟、时尚、理性。

典型案例分析

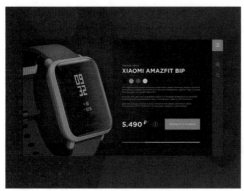 

（1）这是一款电子手表的宣传网页设计。网页采用倾斜型的构图方式，将倾斜的产品放置在版面左侧。利用适当放大的处理方式将受众的视线集中在产品上，使产品成为整个版面的视觉焦点，给受众留下直观的视觉印象。同时，冲出边界的产品使整个画面具有延展性。

（2）网页以深色为主，纯度较低，明度适中，凸显出企业稳重成熟的文化经营理念。而添加的少量橙色打破了深色的单调与乏味，为网页增添了一抹亮丽的色彩。

（3）在右侧以骨骼型呈现的文字，可以将信息直接传达给受众。同时，整齐统一的排版让网页具有较强的节奏韵律感。

常用配色方案

同类优秀作品欣赏

5.7 曲线型版式设计

曲线型就是把图形、图像或文字以曲线的形态进行排列，使人的视觉按照曲线的走向流动，给人一定的节奏韵律感。

曲线型版式具有延展、变化的特征，多给人流动、活跃的视觉体验，可以将产品特性及功能很好地呈现。

◎ 曲线与弧形相结合可使画面更富有活力与动感。

◎ 增强版面的韵律感，给受众优美、雅致的视觉感受。

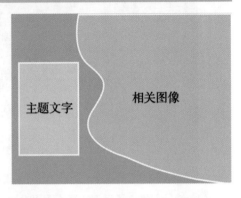

"曲线型"版式设计推荐

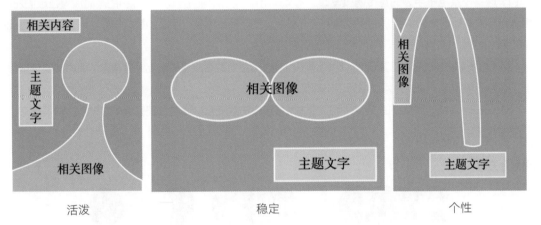

活泼　　　　　　　　稳定　　　　　　　　个性

5.7.1 广告的"曲线型"版式设计

主题调性

活力、动感、创新、直观。

典型案例分析

（1）这是 SHARP 空气净化器的宣传广告设计。案例中，展示了一个形似鱼的有害物质被净化器中伸出的曲线吊钩钩住的有趣画面，通过这种极具创意的方式展示出产品功能的强大，同时也让画面具有很强的视觉动感。此时，有害物质成为版面的视觉焦点，而且延伸出来的曲线对人们的视线具有引导作用。

（2）画面整体以浅色为主，纯度较高，明度适中，可以清楚地呈现版面内容。特别是橄榄绿的动物元素为单调的画面增添了色彩。

（3）在左下角呈现的产品以及文字可以直接传达信息，同时增强了画面的稳定性。

常用配色方案

开放　　　　　　趣味　　　　　　轻柔

同类优秀作品欣赏

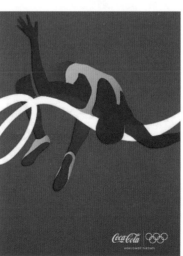

5.7.2 插画的"曲线型"版式设计

主题调性

复古、动感、稳重、细腻。

典型案例分析

（1）这是 Kevin Tong 的一个插画海报设计。本案例中，将一个俯冲的老鹰作为整个版面的展示主图，它是版面的视觉焦点，具有很强的视觉冲击力。超出画面的部分极具视觉延展性，添加的不同弧度曲线让画面极具视觉张力与延展性。

（2）海报以纯度较高、明度适中的淡橘色为主，可以清晰地呈现图像。深色老鹰在颜色的渐变中具有视觉层次感，同时增强了画面的稳定性。

（3）在图案上方呈现的文字主次分明，可以直接传达信息。右下角适当留白的运用为受众营造了一个广阔的想象空间。

常用配色方案

安静　　　　　　　醒目　　　　　　　淳朴

同类优秀作品欣赏

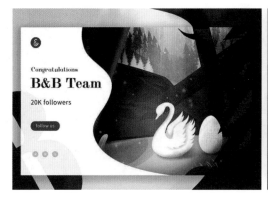 

 5.7.3 标志的"曲线型"版式设计

主题调性

科技、稳重、理智、顺畅。

典型案例分析

（1）这是 AWESOME COOL 互联网公司的标志设计。本案例中，将两个斜对称的曲线段作为标志图案，以简单直观的方式直接表明了企业的经营性质。

（2）标志以蓝色为主，在不同明度和纯度的变化中，让图案具有一定的视觉层次感。而深蓝色的文字则增强了整个画面的稳定性，同时展现出企业的科技特性。

（3）标志周围大面积留白的运用为受众营造了一个很好的阅读环境。

常用配色方案

科技　　　　　　　朴素　　　　　　　随和

同类优秀作品欣赏

 5.8 三角型版式设计

　　三角型版式设计即将主要版面设计元素以三角形的外观呈现，或者放置在版面中某三个重要位置，使其在视觉特征上形成三角形。

　　在所有图形中，三角形是极具稳定性的图形。三角型版式设计还可分为正三角、倒三角和斜三角三种类型，不同类型的三角形具有截然不同的视觉特征。

◎ 具有很强的稳定性，给受众足够的安全感。

◎ 版面构图言简意赅，促进信息的直接传达。

◎ 闭合的三角形构图极具视觉聚拢感。

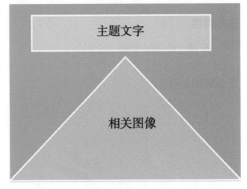

"三角型"版式设计推荐

理性　　　　　　　　　　　丰富　　　　　　　　　　　稳定

5.8.1　电商美工的"三角型"版式设计

主题调性

活泼、积极、鲜艳、时尚。

典型案例分析

（1）这是 Oh lala！店铺的文字宣传详情页设计。在本案例中，以一个倒置的三角形作为文字呈现的限制范围，极具视觉聚拢感，是整个版面的视觉焦点。而画面中被简单处理的水果不仅增加了画面的空间感和延展性，还表现出了店铺的经营性质。

（2）详情页以明度和纯度适中的青色为主，在与红色的鲜明对比中，青色给人活跃积极的视觉感受。而少量绿色、黄色的点缀让画面的色彩质感更强。

（3）在版面中间部位的文字主次分明，可以直接将信息传达给受众。版面左右两侧小元素的添加进一步丰富了详情页的细节效果。

常用配色方案

亮丽　　　　　　　　活力　　　　　　　　温馨

同类优秀作品欣赏

5.8.2 广告的"三角型"版式设计

主题调性

安全、稳重、理性、沉稳。

典型案例分析

（1）这是 HORUS 豆制零食的创意广告设计。案例中，将一个三角形的冰山作为整个版面的展示主图，而将产品放在冰山顶端，可以将人们的视线集中在产品上。同时以极具创意的方式表明 HORUS 豆制零食站在质量这座大山的顶端，象征着产品的安全与健康。

（2）广告以青灰色为主，在不同明度和纯度的变化中，版面具有很强的视觉层次立体感。冰山上的雪白色提高了画面的亮度，同时也展现出企业注重食品质量的文化经营理念。

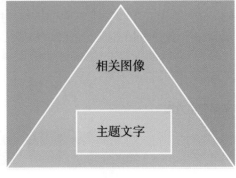

（3）在冰山前方呈现的厂商标志以及产品在有效传达信息的同时，也增强了品牌宣传效果。

常用配色方案

新鲜　　　　　　　　鲜活　　　　　　　　坚定

同类优秀作品欣赏

 5.8.3　网页的"三角型"版式设计

主题调性

　　稳重、理智、成熟、冷静。

典型案例分析

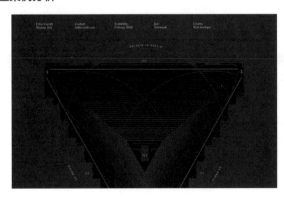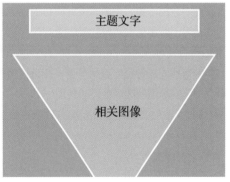

　　（1）这是国外一个优秀的 Web 网页设计。本案例采用一个倒置的三角形作为网页的展示主图，由内向外放射状的形态极具视觉吸引力，使整个画面具有一定的空间感。添加的圆环让版面具有一定的视觉张力与延展性。

N

（2）网页以黑色为背景，清楚地呈现出版面内容。版面中还运用了明度和纯度都较高的红色，营造出了浓浓的复古氛围，表现出了企业稳重成熟的文化经营理念。

（3）在图案顶部以及周围主次分明的文字可以直接传达信息，同时也丰富了画面的细节效果。

常用配色方案

协调　　　　　　　冷静　　　　　　　古朴

同类优秀作品欣赏

5.9　重心型版式设计

重心型版式设计就是将图像或者文字作为视觉焦点呈现在版面中。由于重心型版式设计具有很强的视觉吸引力，因此多用于着重突出对象的版式中。

重心型版式可分为中心、离心、向心三种不同的类型，不同的类型有不同的特征与应用范围，在进行相关的设计时，可以根据实际情况选择合适的类型。

◎ 具有很强的视觉吸引力，能有效促进品牌的宣传与推广。

◎ 着重突出主要对象。

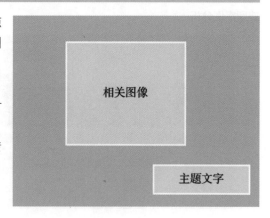

"重心型"版式设计推荐

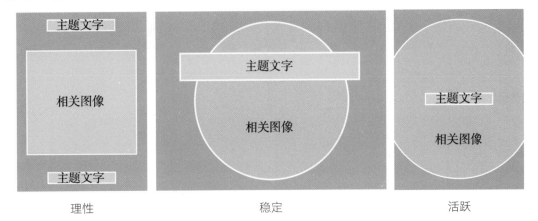

| 理性 | 稳定 | 活跃 |

 5.9.1　插画的"重心型"版式设计

主题调性

稳重、个性、时尚、趣味。

典型案例分析

　　（1）这是土耳其 BARKOD 家具定制系列趣味创意广告设计。本案例将椅子造型的插画人物作为展示主图呈现在版面中心位置，成为整个画面的视觉焦点。人物与其投影共同说明了企业可以根据消费者的需求进行任意定制的文化经营理念。

　　（2）广告以纯度较高、明度适中的浅色为主，清晰地呈现出版面内容。插画使用了纯度较低的棕色，增强了画面的稳定性。

　　（3）在底部和左侧呈现的文字可以直接将信息传达给受众，同时增强了品牌宣传效果。

常用配色方案

明朗   安定   柔和

同类优秀作品欣赏

 ## 5.9.2　书籍的"重心型"版式设计

主题调性

    鲜明、时尚、稳重、个性。

典型案例分析

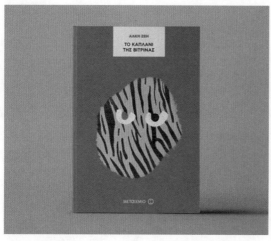

（1）这是 Alki Zei 系列极简创意书籍封面设计。本案例采用重心型的版式设计将抽象的人物的脸部作为展示主图，极具趣味性；同时该图像也是画面的视觉焦点，具有强烈的视觉吸引力。

（2）书籍以明度和纯度适中的青色为主，可以清晰地呈现版面内容。图案中运用的橙色和灰色形成了鲜明的颜色对比，尽显书籍的个性与时尚。少量白色的点缀则提高了画面的亮度。

（3）文字以白色矩形作为载体进行呈现，具有很强的视觉聚拢感。封面中适当留白的运用为受众营造了一个很好的阅读和想象空间。

常用配色方案

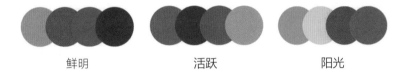

鲜明　　　　　　　　活跃　　　　　　　　阳光

同类优秀作品欣赏

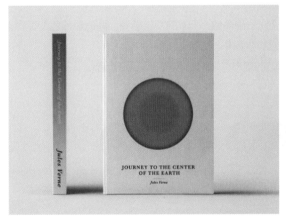 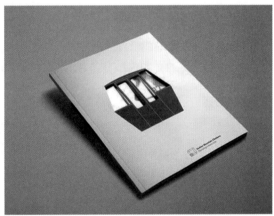

 5.9.3　网页的"重心型"版式设计

主题调性

稳重、时尚、成熟、动感。

典型案例分析

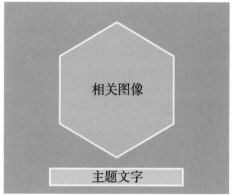

（1）这是一款国外精美网站设计。本案例采用重心型的版式设计将正六边形作为主标题文字呈现的载体，极具视觉聚拢感。由内向外发散的不规则线段具有较强的视觉延展性，为画面增添了动感。

（2）网页以纯度较高、明度适中的浅灰色为主，给受众一种精致、干净的视觉感受。而适量黑色的点缀，一方面增强了画面整体的稳定性；另一方面有利于人们视线的集中。

（3）在网页中的文字彼此之间主次分明，传达出网站的信息，同时也丰富了画面的细节。

常用配色方案

理智　　　　　　　　　时尚　　　　　　　　　统一

同类优秀作品欣赏

5.10 无规律型版式设计

无规律型就是在设计时,版式没有任何约束与限制,可以根据需要或者本身喜好随意进行的设计,具有很强的灵活性与可变通性。

在进行无规律型的版式设计时,要准确把握整体协调性,在表现版面的活泼与轻快的同时,也要增强版面整体的创意性与趣味感,以吸引更多受众的注意力。

◎ 图像和文字可以进行自由随性的编排,极具轻快和随性感。

◎ 版面变动灵活,具有很强的动感。

"无规律型"版式设计推荐

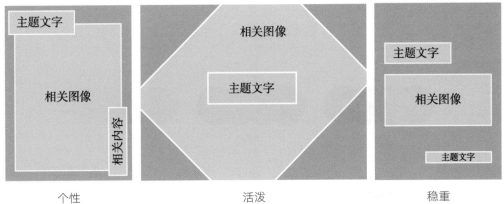

个性   活泼   稳重

5.10.1 站牌广告的"无规律型"版式设计

主题调性

时尚、复古、优雅、稳重。

典型案例分析

（1）这是 HAPPY COLLECTIONS 家居卖场品牌视觉形象的站牌广告设计。案例中，将一个适当放大的台灯作为整个版面的展示主图，直接表明了广告的宣传内容，给受众留下深刻又直观的视觉印象。

（2）广告整体以深色为主，表现出企业稳重成熟和注重产品质量的经营理念。台灯中的深棕色，具有一定的厚重感，营造出浓浓的复古氛围。

（3）版面底部呈现的文字主次分明，在将信息直接地传达给受众的同时，也丰富了画面的细节。

常用配色方案

活跃　　　　　　　　古朴　　　　　　　　奢华

同类优秀作品欣赏

5.10.2　海报的"无规律型"版式设计

主题调性

动感、积极、鲜活、时尚。

典型案例分析

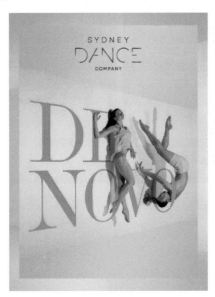 

（1）这是悉尼 DE NOVO 舞蹈团的海报设计。将主标题文字与舞者相互交叉的图像作为画面的展示主图和视觉焦点，具有强烈的视觉吸引力，直接表明了海报的宣传主旨。同时，在适当的投影和透视的作用下具有很强的视觉层次立体感和空间感。

（2）海报以纯度较高、明度适中的浅灰色为主，尽显舞者的优雅与轻盈。特别是少量粉色以及鲜黄色的运用，在鲜明的颜色对比中，为画面增添了活力与动感。

（3）在画面顶部呈现的商家标志促进了品牌的宣传与推广。背景大面积留白的运用为受众营造了一个很好的阅读和想象空间。

常用配色方案

柔和　　　　　　　神秘　　　　　　　文艺

同类优秀作品欣赏

 5.10.3 电商美工的"无规律型"版式设计

主题调性

　　成熟、时尚、活力、理智。

典型案例分析

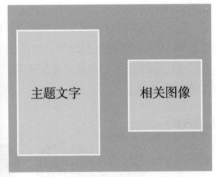

　　（1）这是一款照相机的宣传详情页设计。将产品直接在版面右侧呈现，为受众留下直观的视觉印象。产品底部添加的倾斜矩形条打破了纯色背景的单调与乏味。画面中"虚"的数字与上方的"实"形成对比，一方面增加了画面的空间感，另一方面突出了主题。

（2）详情页以纯度稍高、明度适中的绿色为主，凸显出产品的时尚品质。而在鲜明的颜色对比中，少量橙色的运用为画面增添了一抹亮丽的色彩。

（3)在左侧主次分明的文字可以直接传达信息。而且文字整齐统一的排列方式让画面具有紧凑的节奏感。

常用配色方案

多彩　　　　　　　时尚　　　　　　　高雅

同类优秀作品欣赏

第 6 章

书籍装帧设计类
版式设计

　　书籍装帧设计是指书籍从文稿到成书的过程，包括开本选择、装帧形式、封面设计、腰封设计、字体设计、版面设计、色彩设计、插图设计、纸张材料的选择、印刷方式和装订方式等工艺程序，也是书籍从平面化到立体化的过程，既包括艺术思维、创意构思，又包括技术手法的设计。在书籍的生产与设计过程中，还需将思想与艺术、内容与形式、局部与整体等组合成和谐统一且赋有美感的整体艺术，是一项外在造型构想与内在信息相结合的综合性设计。

　　书籍装帧设计有四大要素，分别为文字、图形、色彩与版式。版式设计的类型包括骨骼型、满版型、重心型、对称型以及自由型等，不同的版面有着不同的情感，具有较强的思想性、独创性、整体性与协调性，要遵循形式与内容相统一的原则进行设计。

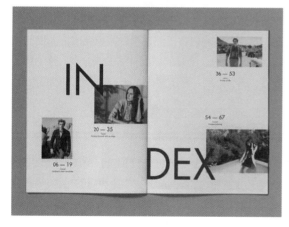 

6.1 稳重大气的人物传记类版式设计

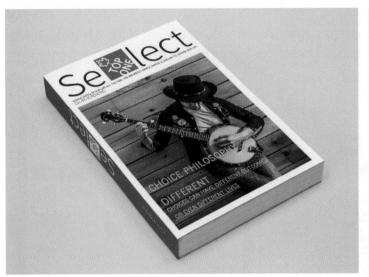

主题文字

相关图像

6.1.1 设计诉求

　　本案例是一本人物传记的书籍封面，设计要求围绕人物，表现的内容简洁明了，重点突出，人物的特点和喜好要一目了然，设计风格稳重大气，书名的设计有视觉吸引力，书籍的详细介绍主次分明。整个版面要有艺术感、美观度、设计感。总的来说，设计要易于传播、易于识别、易于解读人物，能凸显人物的特性。

6.1.2 设计解析

　　所谓人物传记就是对典型人物的生平、生活、精神领域、所做贡献等方面进行相关介绍的一种文学作品形式。在对该类型的书籍进行装帧设计时，无论图像、文字还是配色，都要围绕人物本身具有的特性来展开。当受众看到该书的版式设计时，从其正常的认知范围内就可以对人物有一定的了解和初步界定。

　　针对本案例的设计诉求，将封面的设计风格定为稳重大气，挑选一张符合主题的图片，并选择橙色作为主色，青色和白色作为辅助色。为了更好地突出人物，将图片尺寸放大到画面的 3/4，并将主标题文字放大突出，摆放在视觉焦点的对称位置上，其他文字根据画面进行合理的排列摆放。

6.1.3　配色方案

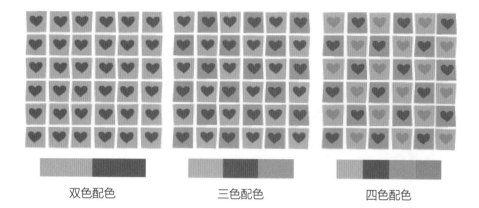

双色配色　　　　　　　　　　三色配色　　　　　　　　　　四色配色

 6.1.4　版式设计的步骤

　　书籍的版式设计主要是封面设计。本案例中，书籍封面为骨骼型的构图方式，整个版式设计主要分为三个步骤：制作封面顶部的主标题文字、添加人物图像、添加说明性的小号文字。从案例效果中可以看出，图像在下具有视觉冲击力；主标题文字在顶部给人严谨稳重之感；在左下角呈现的小号文字采取左对齐的对齐方式，可以清楚地传达信息。

步骤1：制作封面顶部的主标题文字。

◎ 主标题文字是版面的视觉焦点所在，在进行设计时，尽可能选择较大的字号。在本案例中以参考线为基准，将主标题文字在封面顶部进行合理的摆放。

◎ 从案例效果中可以看出，在主标题文字字母 e 和 l 之间有一个以矩形为载体的文字区域。在进行操作时，可以将该位置以空格的形式进行代替，文字输入完成后再绘制大小合适的矩形并添加文字。

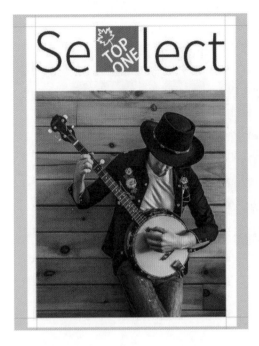

步骤 2：添加人物图像。

◎ 相对于小图像来说，较大的图像不仅具有较强的视
   觉吸引力，同时也能够传达更多的信息。

◎ 本案例中，图像占据了整个版面的 3/4，以此直观
   地呈现人物特征。

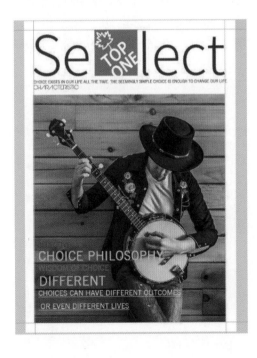

步骤 3：添加说明性的小号文字。

◎ 在主标题文字下方添加的小号文字应该采用较小的
   字号，这样可以使主题更加突出。

◎ 在版面左下角的文字采用不同的字号与颜色，合理
   安排文字的位置，使其主次分明，能够进一步对书
   籍进行相应的说明。同时，采取左对齐的对齐方式
   增强版面整体的统一秩序感。

6.1.5 其他版式设计方案

1. 分割型版式设计

特点:

◎ 将整个版面划分为大小不同的两部分,既让图像更加醒目,也不妨碍信息的传达。

◎ 横排与竖排文字相结合为版面增添了活力。

◎ 文字主次分明,让版面具有较好的细节效果。

2. 满版型版式设计

特点:

◎ 将图像充满整个版面具有很强的视觉冲击力。

◎ 主标题文字底部青色矩形的添加极具视觉聚拢感。

◎ 左下角的小号文字主次分明,可以进一步对书籍进行相应的说明。

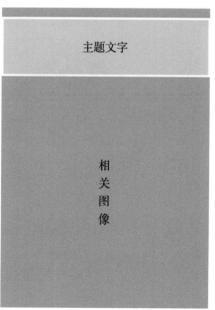

3. 失败的版式设计

失败原因：

◎ 人物图像大小以及摆放位置不合适，带给受众较差的视觉体验。

◎ 主标题文字样式与版面整体不一致，具有较强的违和感。

◎ 在版面左下角呈现的文字字号较大。同时与图像颜色较为接近，不利于阅读。

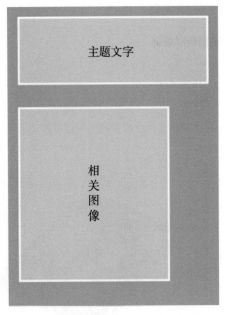

 ## 6.1.6 不同风格的版式设计方案

1. 理智

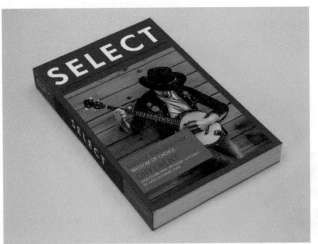

说明：

◎ 封面以纯度和明度适中的青色为主，给人冷静理智的视觉感受。

◎ 少量明度偏低的橙色的点缀丰富了封面的色彩质感，同时也可以将文字很好地凸显出来。

◎ 主标题文字采用无衬线字体，与整体调性相吻合。而且主体的颜色为白色，十分引人注目。

2. 温暖

说明:

◎ 封面以纯度偏高的橙色为主,营造了温暖惬意的视觉氛围。

◎ 左下角少量明度偏高的橙黄的点缀,在同类色的对比中,既保证了整个画面的协调统一,同时又为封面增添了些许活力。

◎ 主标题文字运用了衬线字体,为封面增添了些许的文艺气息,与主体图像格调相一致。

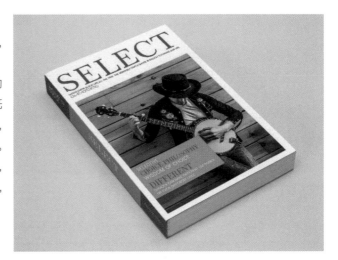

3. 自然

说明:

◎ 封面以绿色为主,在独具地域风情的人物图像共同作用下,给人回归自然的惬意与舒畅感。

◎ 不同明度和纯度绿色的运用,在对比中缓解了受众的视觉疲劳,同时也为封面增添了活力与动感。

◎ 周围白色边框的设置,让整个封面有呼吸顺畅的感觉。

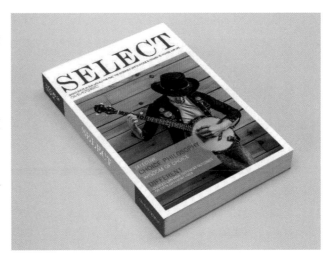

6.2　活跃凉爽的杂志内页版式设计

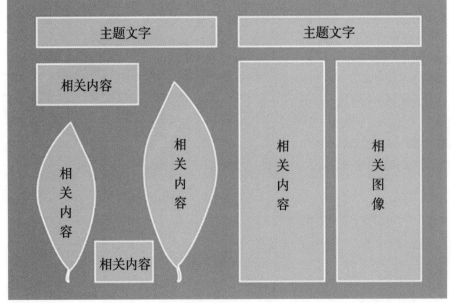

6.2.1 设计诉求

杂志内页版式设计一般都需要具有艺术性、可读性、美观性和统一性，简洁大方的版面、明确的主题、清晰的主次关系、统一的内容、合理的布局是杂志类版式设计的基本诉求，同时还需要在设计中传递出杂志的情感倾向。

本案例是一个食品类的杂志内页，在进行设计时，要求以果汁的美味和健康为主题，版面设计要简洁、大方、美观，还要符合果汁的清凉爽口的特点。文字的排版要利于人们阅读和信息的接收，主次要分明。最重要的是一定要有创意和艺术性，能吸引人们的视线。

 6.2.2 设计解析

杂志内页版式设计，首先就是要突出主题，快速吸引受众注意力，因为在现代社会中，人们生活节奏比较快，如果在第一眼看到时，不能知晓杂志介绍的内容，那么受众将会迅速转移注意力；其次要将图形、图像以及文字进行合理有序的摆放，为受众营造一个舒适有序的阅读环境。

根据本案例的设计要求，将封面的设计风格定为活跃自然。并选择橙色作为主色，青色和白色作为辅助色。为了更好地突出人物，将图片放大到画面的 3/4，并将主标题文字放大突出，摆放在视觉焦点的对称位置上，其他文字根据画面进行合理的排列摆放。

 6.2.3 配色方案

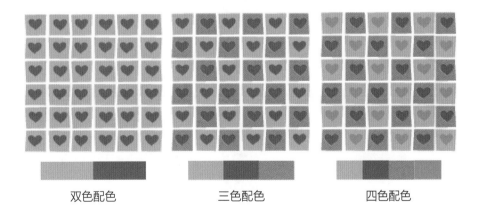

双色配色   三色配色   四色配色

 6.2.4 版式设计的步骤

杂志、书籍等都有左右两个页面，在进行设计时一般都是从左往右有序进行。在本案例中，首先需要将主标题文字放在顶部，接着就要确定图像的位置，这样才能更好地确定段落文字的位置。该版式设计主要分为三个步骤：制作主标题文字、确定左右页面图像位置、添加说明性段落文字。

步骤1：制作主标题文字。

◎ 主标题文字应该具有醒目和吸引视线的作用。所以在设计主标题时，应该注意字体、字号、颜色、字间距、位置等的选择。

◎ 本案例将标题文字呈现在顶部，字体颜色设置为较为鲜艳活泼的颜色，奠定了整个版面的主体风格调性。

步骤2：确定左右页面图像位置。

◎ 左侧页面中两片树叶的大小与颜色均不同，在变化中为版面增添了活跃的气氛。

◎ 右侧页面呈现的果汁图像大小相同，使版面具有统一有序的节奏感，同时也表明了版面的介绍内容。

步骤3：添加说明性段落文字。

◎ 左侧页面中的文字具有较强的灵活性，与整体氛围相统一。

◎ 右侧页面中的段落文字均以相同的面积进行呈现，进一步增强了版式的秩序感与严谨性。

6.2.5　其他版式设计方案

1. 对称型版式设计

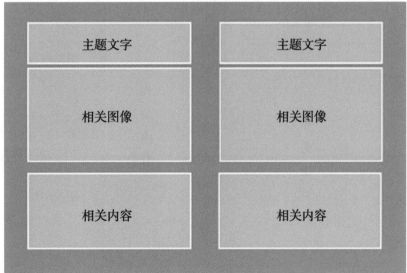

特点：

◎ 采用相对对称的构图方式，既让版面统一有序，又打破了绝对对称构图方式的呆板。

◎ 在左右两个页面中间通栏呈现的图像直接表明了版面的内容性质，具有一定的视觉冲击力。

◎ 主次分明的文字可以有效地将信息直接传达给受众。

2. 骨骼型版式设计

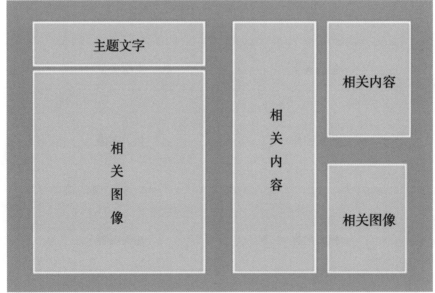

特点:

◎ 骨骼型构图方式具有较强的严谨性和秩序性, 可以为受众营造一个很好的阅读环境。

◎ 在左侧页面以相同大小呈现的图像具有较强的视觉吸引力。

◎ 右侧整齐统一摆放的文字可以传达信息。同时, 各个段落的小标题文字增强了版面整体的连贯性与节奏感。

3. 失败的版式设计

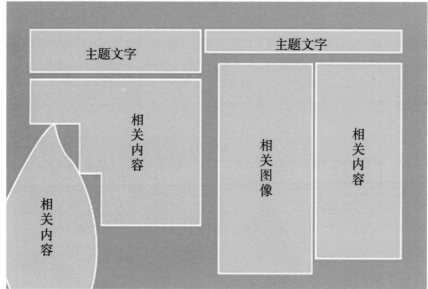

失败原因：

◎ 主标题文字字体样式选择不合适，与版式整体调性不符合。

◎ 右侧图像大小不一致，让原本可口凉爽的画面效果瞬间消失。

◎ 小标题文字字号过大，喧宾夺主，同时段落的排版也不够协调统一。

6.2.6　不同风格的版式设计方案

1. 清新

说明：
◎ 杂志内页以纯度偏低、明度适中的粉色和蓝色为主，在冷暖色调的对比中给人清新的视觉感受。

◎ 青色树叶的运用为炎炎夏日带来凉爽。红色草莓点缀其中，在互补色的对比中十分引人注目。

◎ 较大字号的白色字体的运用可以直接传达信息，同时也与整体的风格调性相一致。

2. 鲜活

说明：

◎ 杂志内页以淡绿色和橙色为主，在鲜明的颜色对比中尽显夏日的活跃与激情。

◎ 左侧页面中树叶的添加打破了纯色背景的单调与乏味。

◎ 主标题文字采用较为纤细的手写字体，为页面增添了趣味性。

3. 醒目

说明：

◎ 整个杂志内页以明度和纯度适中的青蓝色为主，十分醒目。

◎ 左侧页面中的文字使用了橙色，一方面为单调的纯色背景增添了色彩质感；另一方面也让夏日的激情活力得到释放。

◎ 主标题文字采用较为圆润的字体，很好地中和了青蓝色背景的理性与沉闷。

第 7 章

VI 设计类
版式设计

视觉识别系统是企业形象识别系统（Corporate Identity System,CIS）的重要组成部分。CIS 由理念识别（Mind Identity，MI）、行为识别（Behavior Identity，BI）和视觉识别（Visual Identity，VI）三方面所构成。MI 是企业的核心和原动力，是 CIS 的灵魂；BI 以完善企业理念为核心，是企业的动态识别形式，主要规范企业内部管理、教育及对外的社会活动等，它能充分地美化企业形象，提高公司知名度；VI 是企业形象识别系统的外化和表现，是 CIS 的静态识别。相对于 MI 和 BI 而言，VI 是最直观、最有感染力的部分，同时也最容易被消费者接受和短期内获得影响最大的部分。

版式在 VI 设计中非常重要，合理的版面布局可以直接影响 VI 的风格及品牌调性。

7.1 简约时尚的 VI 版式设计

主题文字

相关图形

相关内容

7.1.1 设计诉求

VI 版式设计都要求简洁明了的设计风格，强烈的视觉冲击力和整体的统一性、美观性，同时还需要在设计中体现企业的文化价值、品牌形象、产品特点、企业地位等。

本案例是一个比较时尚的企业的 VI 设计，要求以企业简约时尚的特征作为设计风格。版面设计要简洁、大方、美观，要符合大众的审美感。总体来说，设计要易于识别，易于记忆和传播。

7.1.2 设计解析

VI 设计即企业 VI 视觉设计，是企业整体形象的重要组成部分。在当今这个快速发展的社会中，VI 已经成为企业对外宣传的重要手段。对于企业来说，宣传手段得到广大受众的认可至关重要。而 VI 设计就是实现这一目标最直接也是最有效的办法。通过一整套完整的 VI 设计，不仅可以为受众带去视觉上的享受，而且可以将企业精神、企业文化以及相应的经营理念进行有效的传播。

针对本案例的设计诉求，将整个 VI 设计的风格定为简约时尚，主色调定为红色和白色，根据企业的信息设计了由两个三角形组成的标志，并将三角形作为标准图案。在整体设计时为了提升画面美感，又增加了不同明度的红色。

7.1.3 配色方案

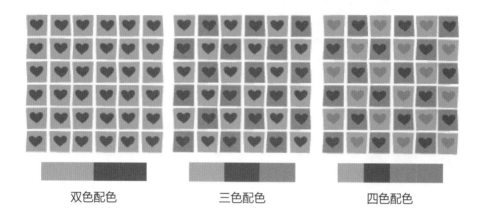

双色配色　　　　　　　　三色配色　　　　　　　　四色配色

7.1.4 版式设计的步骤

　　本案例中的 VI 版式设计主要分为三个步骤：制作企业标志、制作名片与画册封面、制作展示效果图。标志是受众对企业的第一印象，具有举足轻重的地位。名片与画册封面是对外宣传的重要利器。在进行版式设计时需要使用标准色，标准色是企业所有 VI 设计的用色标准，就像可口可乐的红色，为受众留下了深刻印象。

步骤 1：制作企业标志。

◎ 本案例标志由图形和文字两部分构成。

◎ 图形部分。由正三角与倒三角重叠组成，运用标准色里的两种不同明度的红色增加标志的层次感，使标志具有很强的稳定性，表现出企业成熟稳重的文化经营理念。

◎ 文字部分。运用较粗的、非衬线体的标准字作为标志文字，通过合理的摆放，使文字主次分明，十分醒目。

步骤 2：制作名片与画册封面。

◎ 本案例中将名片分为图形和纯色两部分进行设计。

◎ 图形部分运用了标准图案三角形，并将三种标准色运用其中，在不同明度和纯度的变化中，打破了纯色的单调与乏味。同时，同类色的运用又增强了整体的秩序感。

◎ 纯色部分则使用了红色和白色，将标志和其他文字放置其中，简洁明了，同时又促进了企业形象的传播。

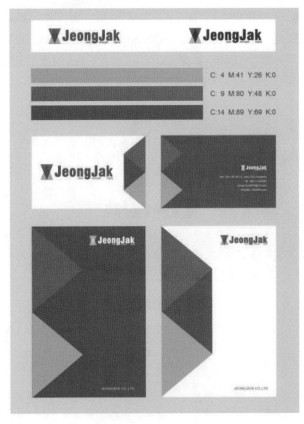

步骤 3：制作展示效果图。

◎ 本案例中采用灰色作为背景，中和了 VI 设计中明度较高的颜色，凸显出 VI 设计的效果。

◎ 将标志、名片、画册和标准色整齐地排列在画面里。整个画面看起来既规则又清晰明了，使 VI 的整体效果协调统一。

7.1.5 其他版式设计方案

1. 分割型版式设计

特点:

◎ 以企业标志图案中的三角形为基础,将名片以及画册封面进行分割,在颜色的变化中增强整体的视觉层次感。

◎ 将企业标志在不同版面的顶部呈现,十分醒目,对品牌宣传有积极的推动作用。

2. 三角型版式设计

特点:

◎ 整个版面以三角形作为不同文字的呈现载体,具有较强的视觉聚拢感。

◎ 将文字在三角形底部呈现,极大限度地增强了版面整体的视觉稳定性,同时也表现出企业稳重成熟的文化经营理念。

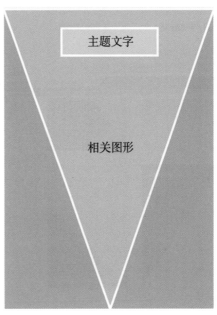

3. 失败的版式设计

失败原因：

◎ 以纯色作为背景的主色调给人单调乏味的视觉感受。

◎ 画册中大面积留白的设置使版面显得非常空洞，没有吸引力，对品牌宣传没有起到积极的作用。

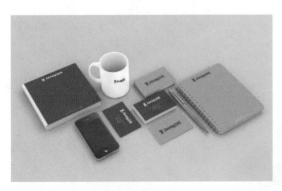

7.1.6　不同风格的版式设计方案

1. 复古

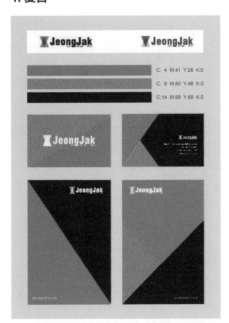

说明：

◎ 整个 VI 设计以纯度偏低的深红色、橙色以及青色为主，在对比中营造了浓浓的复古氛围。

◎ 青色的运用为版面增添了些许的理性与沉稳，而深红色则很好地增强了视觉稳定性。

◎ 白色文字的添加提高了整个版面的亮度，将信息进行清楚的传达。

2. 活跃

说明：

◎ 整个 VI 设计以明度偏高的亮黄色、青色以及无彩色的黑色
为主，颜色对比鲜明，使版面变得活跃并有动感。

◎ 使用明度和纯度都较高的亮黄色十分引人注目。

◎ 适当黑色的运用一方面增强了版面整体的视觉稳定性；另一
方面让版面显得十分整齐干净。

3. 科技

说明：

◎ 整个 VI 设计以蓝色为主，在不同明度和纯度的变化中，给
人科技理性的视觉体验。

◎ 同类色的运用使版面整体的视觉统一，同时又打破了单一
色调的枯燥与乏味。

◎ 适当白色的运用提高了整体版面的亮度。

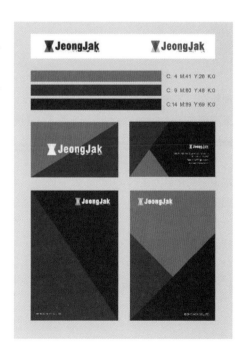

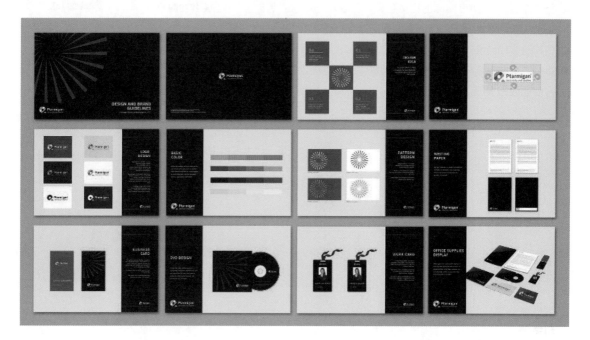 7.2 科技创新的 VI 版式设计

 7.2.1 设计诉求

VI 版式设计一般都需要具有统一性、通用性、差异性、创新性、艺术性、民族性，简洁明快的设计风格、强烈的视觉冲击力是这类版式设计的基本要求，同时还需要在设计中体现企业的经营理念、文化、品牌形象等。

本案例是一个科技类企业的 VI 设计，要求以企业科技成果、文化等为主题，版面设计要简洁、大方、美观，还必须符合企业所具有的科技感的特点。总体来说，设计要易于识别、易于记忆、易于描述、易于传播，能体现出企业在科技创新方面的实力。

 7.2.2 设计解析

科技已经成为社会迅速发展的重要推动力，具有举足轻重的作用。以科技发展为核心的企业，在进行 VI 设计时，除了展示企业的科研成果外，还要借助相应的颜色辅助说明。因为颜色可以直接影响受众的心理

感受与氛围的营造，不同的颜色具有不同的色彩情感。

　　针对本案例展示的企业科技创新实力设计诉求，将整个 VI 设计的风格定为科技风，主色调定为蓝色和白色，根据企业的信息设计了由大小不等的圆形和三角形组成的标志，并依据标志衍生出由三角形组成的放射型的圆作为标准图案。为了提升整体画面的美感，对整套 VI 设计进行了合理的排版和细节的添加。

 ### 7.2.3　配色方案

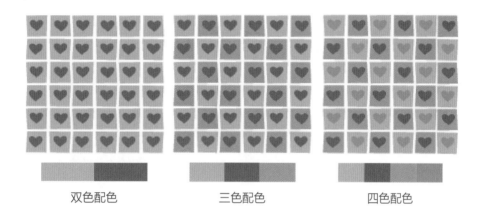

双色配色　　　　　三色配色　　　　　四色配色

 ### 7.2.4　版式设计的步骤

　　企业视觉形象包含的内容大致相同，本案例的版式设计主要分为四个步骤：制作标志、制作标准图案、制作名片、制作展示效果图。虽然此版式设计的步骤不多，但是每一个步骤都要根据企业形象进行单独设计，最后再组合成一个整体。

步骤 1：制作标志。

◎ 本案例中的标志是由图形和文字两部分构成的。

◎ 图形部分由圆环和三角形重叠而成，并运用了标准色里的蓝色和白色，增加了标志的科技感，凸显出企业在科技创新中的地位。

◎ 文字部分运用标准字作为标志文字，进行合适的摆放，主次分明，十分醒目，利于企业品牌信息的传递。

步骤2: 制作标准图案。

◎ 本案例中的标准图案是根据企业标志进行设计的，利用三角形组成一个由内到外呈放射状的圆形，整个图形使人们的视线聚集在一点，表现出企业具有的凝聚力和在科技创新领域的地位。

◎ 同时又运用了不同标准色，增强了图案的设计感。

步骤3: 制作名片。

◎ 本案例中的名片设计分为正面和反面。

◎ 正面将企业标识居中摆放在画面的上方，并将其他文字信息进行合适的设计和摆放，主次分明，简单明了。同时，选用灰色背景增强画面信息的可识别性，促进企业形象的传播。其他办公用品与名片类似。

◎ 反面由标准图案、企业标志、背景三部分组成。将标准图案放大，摆放在名片的上方，成为视觉焦点，增强了画面的延展性；企业标志居中放在名片下方，利于人们阅读；选用深蓝色作为背景颜色，使画面更和谐，更有科技感。

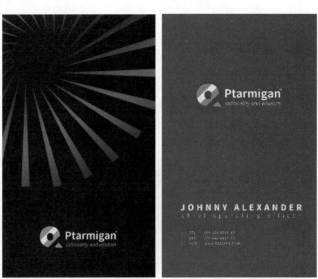

步骤4: 制作展示效果图。

　　在本案例中展示效果图分为两栏，一栏是深蓝色，一栏是白色。其中深蓝色是企业标志和企业信息的展示，而白色是 VI 设计的展示。在深蓝色栏中，将标志与文字都以左对齐或右对齐的方式进行排版，文字在上，标志在下，并在两侧增加线的使用，防止视线外移。文字排列主次分明，利于公司信息的有效传播和形象的输出。

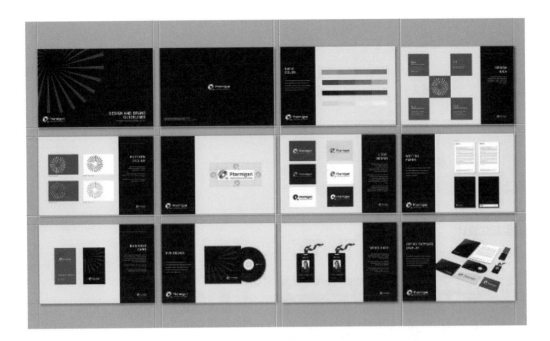

 7.2.5　其他版式设计方案

1. 骨骼型版式设计

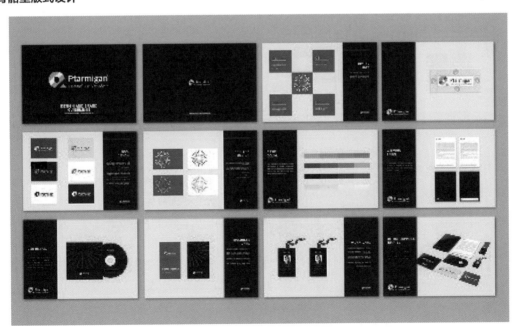

特点:

◎ 骨骼型构图方式要求在图形以及文字的摆放上整齐统一，这样可以很好地展现企业严谨认真的经营理念。

◎ 在设计中，将图像和文字分别在左右两侧进行摆放，给人严谨有序的视觉感受。

2. 重心型版式设计

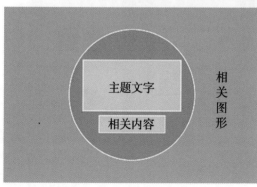

特点:

◎ 重心型构图方式就是将图形和文字在版面中间位置呈现，具有很强的视觉聚拢感。

◎ 将企业标志在版面中间位置呈现，而且背景中具有向心聚拢的图案，极具视觉吸引力。

◎ 在其他版面中，将主体对象都摆放在版面中间，具有很强的视觉统一性。

3. 失败的版式设计

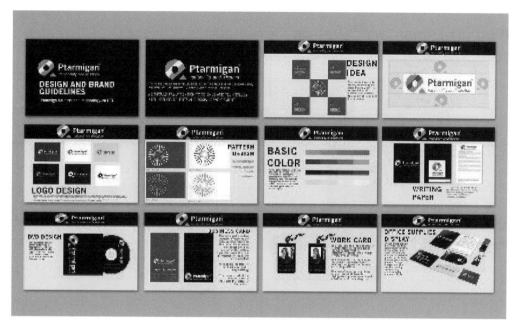

失败原因:

◎ 主标题文字与标志大小一致，喧宾夺主，没有视觉重点。

◎ 版面中的图形大小不一致，对齐方式不一致，不利于企业品牌宣传。

◎ 文字主次不分，整体字号不统一，极其妨碍受众阅读。

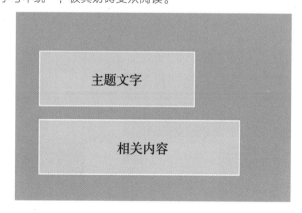

7.2.6 不同风格的版式设计方案

1. 活跃

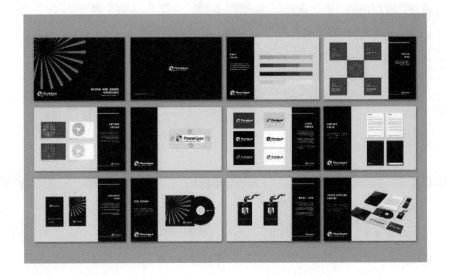

说明：

◎ 整套 VI 设计以纯度偏高的蓝色为主，表现出企业稳重、成熟的经营理念。

◎ 明度和纯度适中的橙色的运用与蓝色的互补色形成了对比，给人活跃、积极的视觉感受，很好地中和了深色的沉闷感。

◎ 圆润字体的运用与整体调性相一致，增强了整体的统一和谐感。

2. 理性

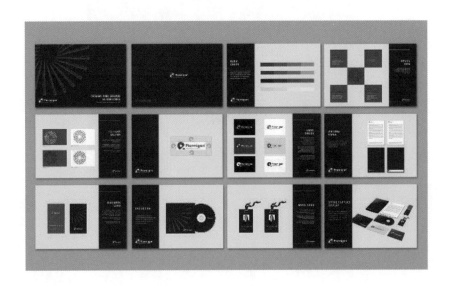

说明：

◎ 整套 VI 设计以青色为主，偏低的明度和纯度给人理性真诚的视觉感受，易于拉近与受众的距离。

◎ 少量红色的点缀，在鲜明的颜色对比中，为偏暗的版面增添了一抹亮丽的色彩，十分引人注目。

◎ 文字采用中规中矩的无衬线字体，可以将信息进行清楚的传达。

3. 稳重

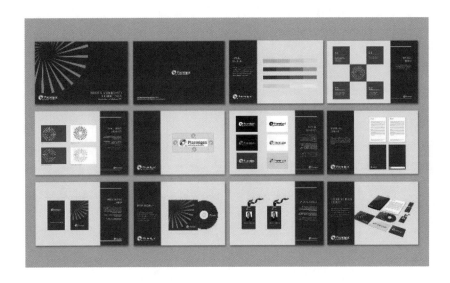

说明：

◎ 整套 VI 设计以纯度偏高、明度适中的绿色为主，大面积绿色的使用对受众视觉疲劳具有一定的缓解作用，同时也展示出企业的稳重。

◎ 少量浅棕色的点缀给人柔和、舒适的感受，同时也丰富了版面整体的色彩质感。

◎ 主标题文字采用衬线字体，为这个较为现代化的版面增添了些许的文艺复古气息。

第 8 章

网页设计类
版式设计

随着时代的发展，越来越多的企业和个人建立属于自己的网站，用于在网络上进行展示以达到信息交流的目的。

网页的版式设计是指网页内容在页面上所处位置的设计，即网页的布局方式的设计。网页布局会决定整个网页风格以及视觉效果。合理的网页布局方式有利于网页信息的展示，增加访客的浏览兴趣和接受程度，也是体现一个网页个性化与人性化的重要手段。一个优秀的网页布局还能够引导访客的视觉流向，营造出一个富有生机的独特世界。

网页的布局基本可以分为"国"字型布局、拐角型布局、封面型布局、对称型布局、"口"字型布局、通栏型布局和骨骼型布局。

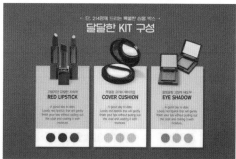

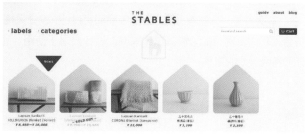

8.1 活泼可爱的儿童产品电商网页设计

主题图像

相关内容

产品展示

8.1.1 设计诉求

网页的版式设计一般都要求具有美感、统一性、连贯性、和谐性，简洁明了的设计风格，清晰合理的布局，鲜明的主题，适当的对比，非图形的内容，而信息的有效传达是这类版式设计的基本要求。

本案例是一个销售儿童产品的电商网页设计，设计风格要求活泼可爱、重点突出，产品信息要一目了然，符合人们浏览网页的习惯。总体来说，设计要易于使用、易于浏览、易于选择，能展示出产品的详细信息，还要符合大众的审美。

8.1.2 设计解析

随着互联网的迅速发展，越来越多的人选择在网上选购产品，网页整体设计的好坏，不仅会影响受众的视觉体验，而且会影响商家的产品销量。在对网页进行设计时，一方面要从商家的产品特性出发，将其进行完美的呈现；另一方面也要符合广大消费群体的喜好以及需求。

根据本案例的设计诉求，将整个电商网页的风格定为活泼可爱型，主色调定为黄色和白色，依据人们的使用习惯将导航栏摆放在网页的顶端，以儿童为展示主图将产品进行展示，同时采用骨骼型的版式将产品及其详细信息进行排列，为了与顶端的导航栏对应，在底部设计了底栏，同时增加了一些小元素丰富画面细节，提升网页美感。

 ## 8.1.3 配色方案

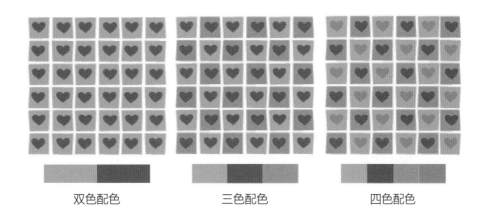

双色配色　　　　　　　　三色配色　　　　　　　　四色配色

 ## 8.1.4 版式设计的步骤

网页的版式设计的顺序与各个区域的模块大致相同。本案例的版式设计主要分为四个步骤：制作导航栏与店招、添加主体广告图像、制作产品模块、制作底栏与添加装饰小元素。

步骤1：制作导航栏与店招。

◎ 网页中的导航栏和店招一般都在整个版面的顶部。因为这样可以很方便地让受众进行搜索，同时在不同分类之间自由选择切换。

◎ 本案例中该部位以简单的文字和图像来呈现，使受众一目了然。

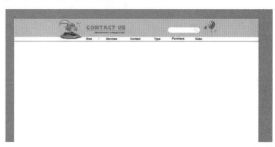

步骤2：添加主体广告图像。

◎ 主体广告图像是整个网页的兴趣中心，相对于文字来说，图像具有更强的视觉吸引力。

◎ 本案例将一个非常可爱的宝宝作为展示主图，直接表明了网页的宣传内容，同时宝宝的笑容具有很强的视觉感染力。

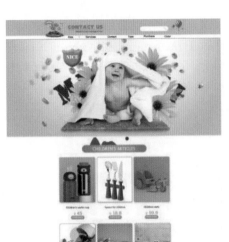

步骤 3：制作产品模块。

◎ 电商网页的设计就是为了产品销售。产品模块展现得好坏直接决定了盈利状况。

◎ 本案例中将产品以相同大小的矩形进行呈现，骨骼型的构图方式既将信息进行清楚的传达，同时也让网页的节奏感统一。

步骤 4：制作底栏与添加装饰小元素。

◎ 底栏与顶部的导航栏相呼应，有头有尾才算一个完整的网页版式设计，没有底栏会有一种头重脚轻的失重感。

◎ 底栏的添加，丰富了整体的细节效果，同时也让版面更加完整。特别是左右两侧装饰性小元素，让充满童趣的画面氛围更加浓厚。

8.1.5　其他版式设计方案

1. 三角型版式设计

特点：

◎ 三角型的构图方式具有很强的稳定性。以人物图像为顶点，两侧往下延伸，将版面内容进行清楚的呈现。

◎ 将文字直接摆放在相应的产品下方，十分醒目。

◎ 版面以橙色为主，在渐变过渡中丰富了整体版面的视觉效果。

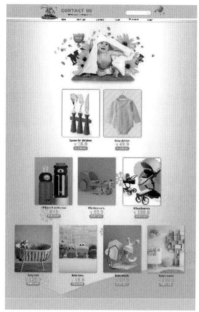

2. 满版型版式设计

特点：

◎ 满版型就是将图像充满整个版面，给受众较强的视觉冲击力。

◎ 大小适中的产品以及文字展示将信息直接传达，为受众阅读、选购提供了便利。

◎ 适当留白的运用让整个版面具有呼吸顺畅之感。

3. 失败的版式设计

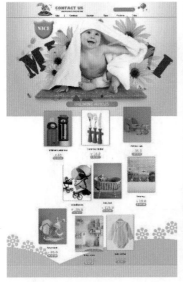

失败原因：

◎ 主体广告图像过大，影响其他文字的展示与阅读。

◎ 产品模块摆放杂乱无章，无法一一对应，为受众的选购制造了较多障碍。

◎ 整体版式头重脚轻，稳定性不好。

🌐 8.1.6 不同风格的版式设计方案

1. 活泼

说明：

◎ 儿童产品网页以明度适中、纯度偏低的红色、黄色、蓝色和绿色为主，在颜色的鲜明对比中，尽显儿童的天真与活泼。

◎ 以不规则曲线作为不同颜色之间的分割线，打破了规整直线的枯燥感，同时也增强了整个网页的活跃氛围。

◎ 以红色圆角矩形作为文字呈现的载体具有很好的视觉引导作用。

2. 清新

说明：

◎ 网页以浅粉色和浅绿色为主，以偏低的明度给人清新舒缓的视觉感受。

◎ 产品展示以正圆形作为载体，具有很强的视觉聚拢效果，同时为版面增添了些许的柔和感。

◎ 主标题文字采用较为圆润的字体，刚好与儿童肉嘟嘟的视觉形象相吻合。

3. 柔和

说明：

◎ 网页以灰蓝色和浅粉色为主，纯度偏低的色彩给人柔和亲肤的视觉感受。

◎ 儿童皮肤较为娇嫩，浅色系的颜色一方面可以起到很好的保护作用；另一方面拉近了与受众的距离。

◎ 以长条圆角矩形作为产品展示的呈现载体十分醒目。而且，适当阴影的添加增强了整体的视觉层次感。

8.2 天然感化妆品网页版式设计

 8.2.1 设计诉求

本案例是一个化妆品产品网页的版式设计,要求以天然化妆品为中心进行设计,风格符合产品天然的特点,表现的内容简洁明了,产品信息能一目了然,还要符合人们浏览网页的习惯,主次分明,版面设计有创意和美感。总体来说,设计要易于使用、易于浏览、易于选择,能展示出产品的详细信息,还要符合大众的审美。

 8.2.2 设计解析

精美的网页设计,对于提升企业的互联网品牌形象至关重要。一般网页设计主要分为三大类:功能型网页设计、形象型网页设计、信息型网页设计。在进行相关的设计时,一定要注重呈现网页整体的视觉效果,使其给受众良好的第一印象。同时也要处理好图文关系,最大限度地促进品牌传播。

针对本案例的设计诉求,将整个电商网页的风格定为自然,以木质纹理作为背景,依据人们的使用习惯将导航与店招栏摆放在网页的顶端,根据电商网页的产品特点,以妆容精致的女性为展示主图,同时将产

品及其详细信息以木板为载体进行呈现，增加绿叶点缀产品，并在网页底部设计了底栏，同时增加了一些小
线条丰富画面细节，增加页面的层次感和美感。

8.2.3　配色方案

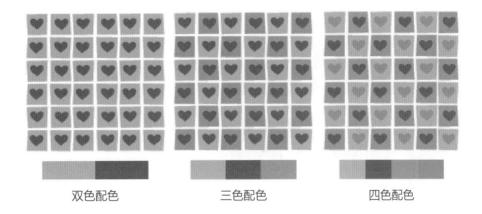

双色配色　　　　　　　　三色配色　　　　　　　　四色配色

 ## 8.2.4　版式设计的步骤

　　网页的版式设计的顺序与不同区域模块的摆放位置大致相同。本案例的版式设计主要分为五个步骤：制
作背景、制作导航栏与店招、添加主体广告图像、制作产品展示模块、制作底栏。

步骤1：制作背景。

◎ 背景具有奠定整体风格调性的作用，对于各类版式设计都至关重要。

◎ 本案例以木质纹理作为背景，使整个版面瞬间有一种浓浓的复古厚重
感，十分引人注目。

步骤 2：制作导航栏与店招。

◎ 网页中的导航栏和店招一般都放在整个版面的顶部。因为这样可以很方便地让受众进行搜索，同时可以在不同产品分类之间自由选择切换。

◎ 本案例以绿色矩形长条作为导航栏的呈现载体，具有很强的视觉吸引力，同时将文字衬托得十分清楚。

步骤 3：添加主体广告图像。

◎ 主体广告图像是整个网页的兴趣中心，相对于文字来说，图像具有更强的视觉吸引力。

◎ 以一个妆容精致的女性人物作为展示主图，直接表明了产品的受众人群。

步骤 4：制作产品展示模块。

◎ 产品展示模块是整个网页设计的重中之重，只有好的展示效果，才能吸引更多受众的注意力。

◎ 本案例中用浅色的不规则纹理图形作为产品展示载体，与背景调性相呼应。特别是绿色叶子的添加，给人自然精致的感受，同时也与产品特性相吻合。

步骤5：制作底栏。

◎ 底栏具有收尾作用，可以让整个版式更加完整。

◎ 底栏以直线段作为文字呈现的限制范围，增强了整体的统一有序性。而且直线之间适当的间距可以让信息更加清楚地传达。

 8.2.5 其他版式设计方案

1. 曲线型版式设计

特点：

◎ 曲线型的版式可以让受众注意力随着曲线的运动而转移，具有很强的视觉引导作用。

◎ 在曲线不同位置呈现的产品构成了三角形区域，增强了整体的稳定性。

◎ 背景中适当留白的运用为受众营造了一个很好的阅读环境。

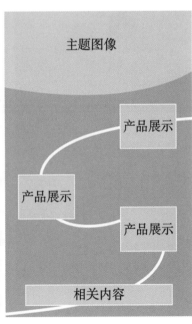

2. 中轴型版式设计

特点：

◎ 中轴型就是将图像和文字以中轴线为基础进行合理的摆放，具有很强的视觉过渡感。

◎ 版面左右两侧适当留白的运用让版面具有呼吸顺畅感。

3. 失败的版式设计

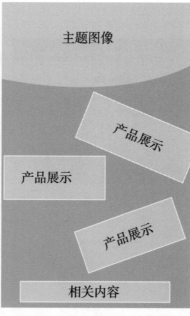

失败原因：

◎ 产品模块过大且摆放方向不一致，感觉让整个画面十分混乱。

◎ 在网页左右两侧没有预留空白边缘，在显示器上显示时会导致局部效果的缺失。

◎ 倾斜摆放的文字，为受众阅读带去不便。

8.2.6 不同风格的版式设计方案

1. 纯净

说明：

◎ 化妆品网页以绿松石绿为主，较为适中的明度和纯度给人纯净天然的视觉感受。

◎ 不同明度和纯度绿色的运用，在同类色的对比中让整个网页具有统一和谐感，同时也表现出产品亲肤健康的特征。

◎ 以圆角矩形作为产品展示的载体，具有较强的视觉聚拢感。

2. 简约

说明：

◎ 化妆品网页以纯度偏低、明度适中的浅棕色为主，虽然色彩质感没有那么浓厚，但在简约之中透露出时尚与个性。

◎ 少量绿色的运用为单调的背景增添了些许活力，同时也表明产品原材料的天然健康。

◎ 网页中适当点缀的黑色，一方面为信息传达提供了便利；另一方面增强了整个版面的视觉稳定性。

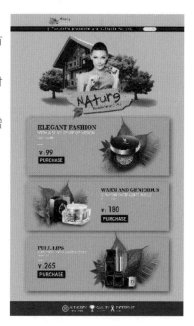

3. 优雅

说明：

◎ 化妆品网页中添加的青色丝绸质地背景，表示出产品优雅精致的特性，十分引人注目。

◎ 通栏广告部位木质纹理背景的使用，以较深的色彩增强了视觉稳定性，同时也与整体的风格调性相一致。

第 9 章

UI 设计类
版式设计

UI（User Interface，用户界面），通常理解为界面的外观设计，实际上还包括用户与界面之间的交互关系。可以把 UI 设计定义为软件的人机交互、操作逻辑、界面美观的整体设计。UI 设计主要包括图形设计、交互设计、用户测试。

一个优秀的设计作品，设计标准一般包括产品的有效性、产品的使用效率和用户主观满意度。从用户角度出发，还应该包括产品的易学程度、对用户的吸引程度以及用户在体验产品前后的整体心理感受等。

版式设计是 UI 设计中的重要组成部分，是指设计人员根据设计主题和视觉需求，在预先设定的有限版面内，运用造型要素和形式原则，根据特定主题与内容的需要，将文字、图片及色彩等视觉传达信息要素有组织、有目的地组合排列的设计行为与过程。UI 设计常用布局方式有很多，主要包括对称式、曲线式、倾斜式、中轴式、文字式、图片式、自由式、背景式、水平式、引导式。

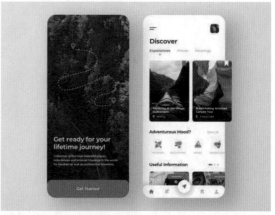

9.1 优雅大方的购物 App 启动界面版式设计

9.1.1 设计诉求

网页的版式设计一般都需要具有美感、层次性、空间感、均衡性，鲜明的层次结构、清晰的主题、适当的对比、合适的字体、均衡的画面是这类版式设计的基本要求。

本案例是一个购物 App 的启动界面设计，设计风格要求优雅大方，要以购物 App 的主要受众为设计的目标对象，重点要突出，主题要一目了然，设计要有层次感，整体画面要均衡，有节奏。总体来说，设计要易于记忆，要有强烈的视觉吸引力，能快速让人知道 App 的功能和有效地传递出 App 的信息，还要符合大众的审美。

9.1.2 设计解析

购物 App 启动界面设计，首先需要在受众打开的一瞬间就被深深吸引，既要表现出相应产品的优雅时尚，同时又不能过于呆板乏味。在进行相关设计时，展示主图至关重要，因为图像具有更强的视觉吸引力。界面版式设计要处理好图文之间的关系，在有限的版面内展现无限的视觉效果。

根据本案例的设计诉求，将整个界面的风格定为优雅大方，主色调定为红色和橙色。以这两种颜色的渐变作为背景，尽显女性人物的优雅与大方。选用优雅的、妆容精致的女性图像作为展示主图，表明了 App

针对的人群对象以及产品特性。合理调整文字的大小及颜色，让文字变得主次分明，并以左对齐的方式放在人物的视线方向，帮助传递信息和丰富画面细节。

9.1.3　配色方案

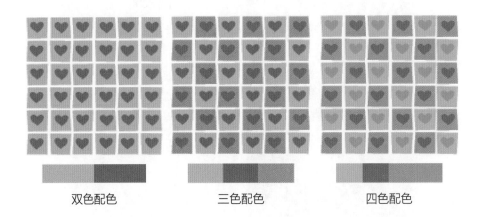

双色配色　　　　　　　　　三色配色　　　　　　　　　四色配色

9.1.4　版式设计的步骤

App 的版式设计一般都比较简单，但是在图像与文字的选择搭配方面却有严格的要求。恰到好处的图文搭配才会让整个版式熠熠生辉，更加引人注目。本案例的版式设计分为三个步骤：制作背景、制作主体人物图像、添加文字。

步骤 1：制作背景。

◎ 对于任何一种版式来说，背景的制作都具有非常重要的作用，因为它奠定了整个版面的风格调性。

◎ 本案例以橘色矩形为主，同时在红色渐变不规则图形的作用下共同构成整个背景。添加的不规则四边形丰富了背景的细节效果。

步骤 2：制作主体人物图像。

◎ 相对于小图像来说，较大的图像不仅具有较强的视觉吸引力，而且能够传达更多的信息。

◎ 本案例中图像占据了整个版面的 1/2，以直观的方式表明了 App 的主要内容。同时，造型独特的女性人物尽显优雅与大方。

步骤 3：添加文字。

◎ 虽然图像具有较强的视觉吸引力，但文字是必不可少的。

◎ 将主标题文字在版面顶部呈现，十分醒目。而其他文字在人物左侧呈现，主次分明，可以直接传达信息。

9.1.5 其他版式设计方案

1. 分割型版式设计

特点:

◎ 将整个版面以对角线进行分割,而且在不同颜色的作用下,打破了纯色背景的单调与乏味。

◎ 分割型的版式设计有助于人物视觉的切换,让版面更加灵活。

◎ 文字主次分明,让版面具有较好的细节效果。

2. 满版型版式设计

特点:

◎ 将人物图像充满整个版面,尽显女性的优雅与时尚,具有很强的视觉冲击力。

◎ 人物侧脸前方添加的文字阻断了受众的视线外移。

◎ 底部红色文字的添加为版面增添了些许活力,同时也让画面稳定性更强。

3. 失败的版式设计

失败原因：

◎ 人物图像摆放过于靠左，非常容易将受众视线移出画面。

◎ 以纯色作为背景主色调，让整个版面显得很枯燥。

◎ 文字的对齐方式不一致，打破了版面整体的平衡感。

 ## 9.1.6　不同风格的版式设计方案

1. 活力

说明：

◎ 购物 App 界面以纯度偏低、明度适中的红色为主，尽显女性的优雅与精致。

◎ 界面中明度偏高的黄色的运用，在与红色的对比中营造了活力时尚氛围。

◎ 较大字号的白色主标题字体可以直接传达信息。同时，其他手写字体的运用给人自由畅快的视觉感受。

2. 简约

说明：

◎ 该 App 界面以浅棕色作为背景主色调，可以直接呈现版面信息，同时又使版面具有简约时尚的色彩特征。

◎ 少量纯度偏高的棕色的点缀，在渐变过渡中增强了界面的视觉稳定性。

◎ 衬线字体的运用很好地展现了女性的优雅与精致，与整体调性相一致。

3. 清新

说明：

◎ App 界面中人物以淡粉色为主，而背景中纯度偏低的淡蓝色的运用为界面增添了清新与活力。

◎ 不同明纯度的蓝色在变化中让界面具有一定的视觉层次，同时也丰富了整体的色彩质感。

◎ 无衬线字体的运用与整体调性相吻合，同时可以清楚地传达信息。

9.2　稳重简洁的杀毒软件版式设计

 ### 9.2.1　设计诉求

　　本案例是一个杀毒软件的界面设计，要求设计风格要稳重简洁，以突出 App 的安全有效性为重点。图标要匹配，功能要清晰明了，界面要整洁实用，整体画面要均衡、有节奏。总体来说，设计要易于操作、易于用户理解，能快速让人知道 App 的功能和有效地传递出用户需要的信息，还要符合大众的审美。

 ### 9.2.2　设计解析

　　无论是计算机还是手机，都需要进行定期的杀毒，所以杀毒软件需要具有很强的实用性和安全性。因此，在进行设计时，除了要将病毒查杀的进度与结果显示出来外，各项功能的按钮也要一目了然。还要尽可能地以最简单的方式展现整洁有序又不失时尚的版式效果。

　　针对本案例安全性和实用性的设计诉求，将整个界面的风格定为稳重简洁，主色调定为紫色和蓝色。将这两种颜色的渐变作为背景，利于展示杀毒软件的安全性、有效性。将界面分为两部分，一部分是功能区，另一部分是信息展示区。功能区按照骨骼型进行排版，整洁实用，利于人们对功能的使用；信息展示区以圆形为主要图形，用不规则的、不同颜色的圆形叠加，增加画面的活跃性和美感。运用不同的图标和字体，清晰明了地表现出病毒查杀的进度与结果。

9.2.3 配色方案

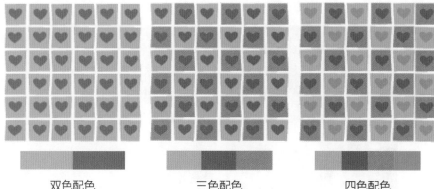

双色配色   三色配色   四色配色

9.2.4 版式设计的步骤

相对于其他类型的软件界面来说，病毒查杀界面要简单一些。因为其最大的功能就是查杀病毒，同时也可以进行相应的垃圾清理等操作。本案例的版式设计步骤主要分为三个步骤：制作背景、制作病毒查杀进度条、制作其他选项按钮。

步骤1：制作背景。

◎ 对于任何一种版式来说，背景的制作都具有非常重要的作用，因为它奠定了整个版面的风格调性。

◎ 本案例以红蓝渐变矩形作为整体的大背景，以相同颜色的正圆作为病毒查杀界面的小背景。

步骤2：制作病毒查杀进度条。

◎ 杀毒软件中最重要的就是进度条的显示，这样可以将信息清楚明
　 了地传达给使用者。

◎ 以不规则图形组合而成的重叠图案作为病毒查杀结果的呈现载体，
　 极具视觉聚拢感。而弯曲弧线的进度条在不同颜色的变化中十分
　 醒目。

步骤3：制作其他选项按钮。

◎ 在杀毒软件中有各种不同的按钮，可以为使用者提供不同的功能
　 操作。

◎ 本案例中将选项按钮在底部以骨骼型的构图方式呈现，在规整统
　 一的排列中可以直接传达信息，让使用者一目了然。

9.2.5 其他版式设计方案

1. 对称型版式设计

特点:

◎ 采用相对对称的构图方式,既让版面
  统一有序,同时又打破了绝对对称的
  呆板。

◎ 将杀毒进度图形在版面中间偏上位置
  呈现,十分醒目。

◎ 底部以对称方式呈现的选项按钮与文
  字可以直接传达信息。

2. 分割型版式设计

特点:

◎ 将整个版面划分为不均等的两个部分,
  为版面增添了些许的活力。

◎ 将选项按钮在左侧分割部位呈现,垂
  直的排列方式让使用者一目了然。

◎ 在右侧的病毒查杀进度图形非常方便
  使用者时时观察。同时,适当的留白
  为阅读提供了便利。

3. 失败的版式设计

失败原因：

◎ 病毒查杀图形过大，而底部选项按钮过小，使整个版面头重脚轻，处于失重状态。

◎ 提醒性文字字号过大，影响主标题文字信息的传达。

◎ 背景中大面积的留白使版面整体空洞乏味。

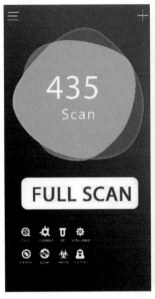

9.2.6　不同风格的版式设计方案

1. 安全

说明：

◎ 整个杀毒软件界面以明度偏高的蓝色为主，鲜亮的颜色给人安全醒目的视觉感受。

◎ 少量橙色的点缀，在与蓝色的渐变过渡中，丰富了界面的色彩感，十分引人注目。

◎ 无衬线字体的运用让整个界面具有专业、理性的特征。

2. 复古

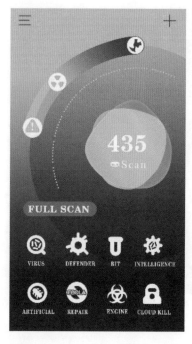

说明:

◎ 整个杀毒软件界面以橙色到深灰色的渐变为主，在对比过渡中营造了浓浓的复古氛围。

◎ 中间不规则图形中点缀的少量青色丰富了版面整体的色彩质感，十分引人注目。

◎ 文字采用衬线字体，给人文艺优雅的视觉感受，同时也与整体调性相一致。

3. 清新

说明:

◎ 整个杀毒软件界面以青色为主，在由浅到深的渐变过渡中给人清新自然的感受，同时对受众视觉有一定的缓解作用。

◎ 少量明度偏高的黄色的点缀为界面增添了些许的活力与动感。

◎ 主标题文字采用手写字体，增加了界面自由舒畅感。

第 10 章

海报设计类
版式设计

　　海报设计是由图片、文字与色彩所构成的画面，海报的色彩、海报的种类、海报的风格都对海报设计至关重要。种类是海报的大体分类，色彩决定海报给人的感觉，风格是构成画面统一的隐形元素。

　　在现今社会，海报已经成了人们生活中的一部分，各类公共场所都会出现海报，人们可以从海报中得到想要了解的信息。海报设计大致有三个应用领域：商业、电影、公益。版式设计在海报设计中发挥了巨大作用，一幅经典的海报设计需要特别注意文字、图案、图片的布局位置。

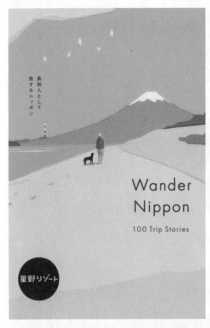

10.1　典雅复古的房地产海报版式设计

10.1.1　设计诉求

　　海报的版式设计一般都需要具有美感、直观性、重复性、一致性、协调性、清晰的主题、一致的内容、均衡的画面、强烈的视觉刺激、惊奇的创意，而简洁的版面是这类版式设计的基本要求。

　　本案例是一个房地产海报的设计，要求设计风格符合建筑典雅复古的感觉，要以房屋建筑作为展示主图。建筑要突出，主题要能一目了然，设计要有视觉冲击力，整体画面要均衡、有节奏感。总体来说，设计要易于记忆、易于传播，要有强烈的视觉吸引力，能快速让人了解建筑的信息和购买的渠道，还要符合大众的审美。

10.1.2　设计解析

　　房产是人们的归宿，对于房产的选择，人们普遍比较慎重。在对房地产海报进行设计时，除了要将房产的主体图像进行展示外，还要呈现出房产的一些特征，甚至是优缺点。只有这样，受众在选择时，目标才能更加明确，才能在最短的时间内选择最适合自己的房产。

　　针对本案例的设计诉求，将设计的风格定为古典风，选用深蓝色作为背景色，给人典雅的视觉感受的同时，进一步衬托建筑。本案例选用大小合适的房产图像在版面中间位置呈现，给受众直观的视觉印象和展示产品的信息。将广告语按照主次进行合适的摆放，传达建筑的卖点，并增加一些金色的纹饰丰富画面，增添复古典雅的感觉。

10.1.3 配色方案

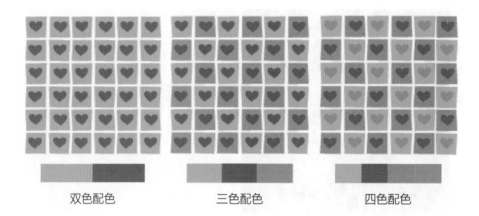

双色配色　　　　　　　三色配色　　　　　　　四色配色

10.1.4 版式设计的步骤

　　本案例是以建筑宣传为中心的海报设计，因此在版式设计上也是将建筑作为重点突出的对象，文字以及其他小元素都是辅助说明的。该海报版式设计分为四个步骤：制作背景、制作主体图像展示效果、添加文字、在版面的四个角落添加暗角效果。

步骤1：制作背景。

◎ 背景对于一个版式来说是非常重要的，一个优秀的背景可以提升整个版式的质感。

◎ 本案例以深蓝色矩形作为背景，为典雅复古的房地产奠定了总基调。而且左上角和右下角祥云图案的添加让这种氛围更加浓厚。

步骤 2：制作主体图像展示效果。

◎ 在一个版式中主体图像是画面的视觉焦点所在，具有很强的视觉吸引力。

◎ 本案例中直接呈现的房产图像十分醒目，而且图像后方装饰小元素的添加丰富了版面整体的细节设计感。

步骤 3：添加文字。

◎ 文字具有很好的补充说明作用，虽然没有图像那么直观的视觉效果，但必不可少。

◎ 将文字在图像的上下两端呈现，主次分明，可以有效地传达信息。

步骤4：在版面的四个角落添加暗角效果。

◎ 暗角就是将一个亮度均匀的版面，通过操作使其四个角落变暗的现象。

◎ 本案例中在四个角落添加暗角，瞬间提升了整个版式的档次与质感，同时具有很强的视觉聚拢感。

 10.1.5　其他版式设计方案

1. 分割型版式设计

特点：

◎ 分割型版式打破了完整版面的呆板与乏味，具有很强的灵活性。

◎ 在主体图像下方添加一个大小合适的背景矩形，将受众注意力全部集中于此，极具宣传效果。

◎ 分割型版式一定程度上还可以调动受众的注意力。

2. 三角型版式设计

特点:

◎ 三角型版式具有很强的稳定性，可以让版面达到一个很平衡的状态。

◎ 正三角形与倒三角形相结合，为版面增添了些许的活力与动感。

◎ 周围适当留白的运用为受众营造了一个很好的阅读环境。

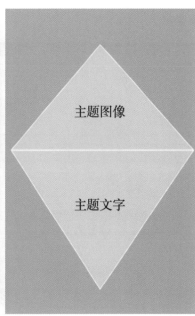

3. 失败的版式设计

失败原因:

◎ 主体图像周围过于单调，很难吸引受众的注意力。

◎ 文字对齐方式不一致，打破了整体的协调统一感。

◎ 整体偏向于左侧，右侧空白面积过大，让版面处于失衡状态。

10.1.6　不同风格的版式设计方案

1. 典雅

说明：

◎ 海报以纯度偏高、明度较低的青灰色为主，凸显出建筑古典雅致的特征。

◎ 中间部位棕色的建筑背景打破了纯色背景的单调，同时将主体对象很好地展现了出来。

◎ 主标题文字采用衬线字体，与整体风格调性相一致，同时将信息清楚地传达出来。

2. 古朴

说明：

◎ 海报中的建筑本身就具有浓厚的古典气息，在设计时运用棕色作为背景主色调，为其增添了些许的古朴韵味。

◎ 特别是中间部位深棕色的运用，一方面将建筑清楚地展现了出来；另一方面又增强了版面整体的视觉稳定性。

3. 素静

说明：

◎ 海报以纯度偏低的浅灰色为主，给人素雅静谧的视觉体验。其中叠加的纹理丰富了背景的细节效果。

◎ 建筑物后方明度偏低的青色的运用很好地增强了视觉稳定性，同时也让整体的素静氛围又浓了一些。

◎ 主标题文字无衬线字体的运用使其与整体风格相吻合。文字采用了较深的颜色，为受众阅读提供了便利。

10.2 欢快愉悦的圣诞贺卡版式设计

10.2.1　设计诉求

本案例是一个圣诞贺卡的设计，要求设计风格符合节日欢快愉悦的感觉，以圣诞节相关元素进行设计，主题要一目了然，设计要有视觉冲击力，整体画面要均衡且要具有美感，能给人一种欢乐喜悦的节日感受。总体来说，设计要简洁，要有强烈的视觉吸引力，能让人有喜悦的视觉感受，还要符合大众的审美。

 10.2.2　设计解析

关于节日类的贺卡、海报、广告等，在设计时首先要突出的就是节日具有的氛围，以及受众看到后的愉悦心情。因此，本案例在设计时直接将表明圣诞节日的物件作为展示主图，使受众一目了然。同时，再通过文字表述以及其他装饰性元素进一步烘托节日的欢快氛围。

针对本案例的设计诉求，将整个界面的风格定为活泼喜庆型，主色调定为红色和绿色。用这两种颜色的对比来增强画面的节日氛围，同时用白色和蓝色作为背景色中和画面，呈现节日的日期和喜庆的氛围。将表明圣诞节日的花环以及头戴圣诞帽的人物图像作为展示主图，给受众清晰直观的视觉印象。合理调整文字的大小及颜色，让文字主次分明，文字以居中对齐的方式排列，有助于信息的传递和丰富画面细节。同时将节日日期放在右上角，均衡画面。

 10.2.3　配色方案

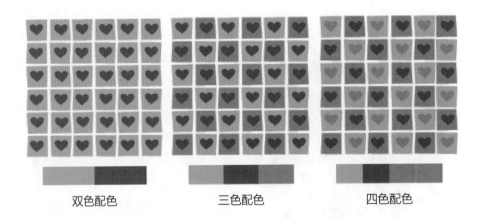

双色配色　　　　　　　　三色配色　　　　　　　　四色配色

 10.2.4　版式设计的步骤

贺卡的设计主要是为了营造节日氛围，其版式一般较为简单。本案例主要分为四个步骤：制作贺卡背景、添加主标题文字、添加说明性小文字、制作彩色光晕与光斑。

步骤1：制作贺卡背景。

◎ 贺卡背景主要就是要凸显节日的特征以及欢快愉悦的
氛围。

◎ 本案例将代表圣诞的松枝花环以及人物图像作为画面的展
示主图，给受众直观的视觉印象。

步骤2：添加主标题文字。

◎ 主标题文字一般是版面的视觉焦点所在，可以直接传递
信息。

◎ 本案例中主标题文字以倾斜的手写字体方式呈现，让节日
的欢快氛围更加浓厚。

步骤3：添加说明性小文字。

◎ 小文字的添加对主标题具有很好的解释说明作用，同时在一定程度上也可以丰富版面的细节效果。

◎ 主体文字下方的小文字主次分明，可以直接传达信息。添加的长条矩形背景进一步丰富了设计的细节。

步骤4：制作彩色光晕与光斑。

◎ 彩色的光晕和光斑可以让平淡的版面瞬间闪闪发光，与节日氛围相吻合。

◎ 本案例中添加的彩色光晕和光斑提高了整体的亮度与节日氛围。

10.2.5　其他版式设计方案

1. 满版型版式设计

特点：

◎ 满版型的构图方式就是将图
像充满整个版面，给受众强
烈的视觉冲击力。

◎ 将代表圣诞的松枝花环充满
整个版面，直接表明了节日
特征。

◎ 主次分明的文字，在传达信
息的同时，丰富了整体版面
的细节效果。

2. 重心型版式设计

特点：

◎ 重心型的版式就是将主体对
象在版面中心位置呈现，具
有很强的视觉聚拢感。

◎ 代表节日的元素是整个版面
的兴趣中心与视觉焦点所在，
十分引人注目。

◎ 在右上角呈现的文字为单调
的背景增添了细节效果。

3. 失败的版式设计

失败原因：

◎ 主题图像与文字大小不一致，导致版面视觉焦点缺失。

◎ 文字主次不分且字体样式选择不合适，凸显不出节日氛围。

◎ 底部小文字的行间距过于紧密，不利于受众阅读。

 10.2.6　不同风格的版式设计方案

1. 沉稳

说明：

◎ 圣诞节是一个非常欢快喜庆的节日，采用明度和纯度适中的青色作为背景主色调，很好地稳定了整体的视觉效果。

◎ 版面中适当红色的运用，在与青色的鲜明对比中给人活跃积极的感受。

◎ 深青色边框的添加具有很强的视觉聚拢效果。

2. 欢快

说明：

◎ 整个圣诞贺卡以浅绿色为主，在与红色的互补色对比中，营造出节日欢快活跃的氛围。

◎ 背景中白色倾斜直线段的添加打破了纯色背景的沉闷感，增强了整体版面的细节效果。

◎ 主标题文字采用与整体调性相一致的活泼字体，给人统一和谐的视觉感受。

3. 浪漫

说明：

◎ 整个圣诞贺卡以纯度偏高的深蓝色为主，营造了浓浓的节日浪漫氛围。

◎ 背景中添加的白色雪花在不规则排列中为版面增添了些许的动感气息。

◎ 手写风格形式的主标题文字在适当倾斜的摆放中为版面增添了趣味性。

第 11 章

广告设计类
版式设计

　　广告设计可以从商品的外观形状、点线面的形式归纳、产品特性与细节的展示、创意化或艺术性的变形、色彩与质感的展现以及画面整体的美观性等方面来着手设计。广告设计，通过对诸多元素的组合与编排，提高画面整体的视觉感受，直接向受众群体传递版面相关信息，进而宣传产品，使受众对产品产生兴趣，从而达到刺激消费的目的。

　　在广告设计中，商品有着其独特的卖点与看点，需要将商品卖点与创意相结合，并通过直接表达法或间接表达法将其产品特性进行展现，进而使广告的视觉语言一目了然，给消费者留下深刻的视觉印象，以实现其设计价值。

　　在广告设计的创作过程当中，要遵循四项设计原则，分别是实用性原则、商业性原则、趣味性原则和艺术性原则。

　　版式设计对广告设计来说意义重大，同样的元素，通过不同的版式布局，可以达到不一样的视觉体验。

11.1　活泼动感的旅行广告版式设计

11.1.1　设计诉求

广告设计一般都需要具有美感、真实性、关联性、创新性、形象性、感情性，清晰的主题、有秩序的编排、生动的画面、强烈的视觉刺激、独特的创意、主次分明的关系是广告版式设计的基本要求。

本案例是一个旅游产业的广告设计，设计风格要求活泼具有动感，要以主文案作为展示主图。野外旅游的主题要一目了然，设计要有视觉冲击力，整体画面要均衡、有节奏，主次信息要能清晰且真实地传递。总体来说，设计要易于记忆、易于传播，要有强烈的视觉吸引力，能让人产生想要旅游的欲望，还要符合大众的审美。

11.1.2　设计解析

在这个节奏快且压力大的社会，旅行成了人们放松减压的不二之选。各种各样宣传旅游的广告应运而生。要想达到好的宣传效果，在进行广告设计时必须要具有强烈的视觉刺激。

针对本案例的设计诉求，将广告的风格定为卡通风。将蓝色和绿色设为主色，表现出环境的清新与心情的放松。采用 3D 立体的形式，各种立体的卡通图案营造出清新活泼且充满动感的旅行氛围，具有很强的视觉吸引力。由简单的立体几何图形制成野外的矢量图作背景，让旅游的闲适与放松瞬间凸显出来。立体的主标题文字排列在版面中间位置，在直接传达信息的同时增加画面的视觉效果。同时，在版面中增加其他颜色，进一步丰富画面细节。

11.1.3　配色方案

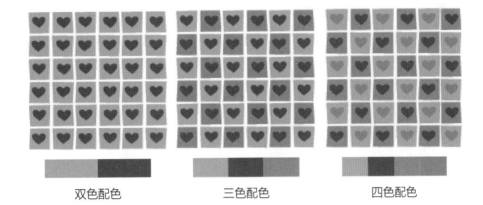

双色配色　　　　　　　三色配色　　　　　　　四色配色

 11.1.4　版式设计的步骤

　　旅行类广告设计最大的目的就是通过对旅游景点的展示来吸引受众的注意力，进而刺激其产生旅游的欲望。在进行设计时要以此为出发点，将图文进行巧妙的结合，营造轻松愉悦的旅行氛围。本案例以卡通立体图形为主，其版式设计主要分为三个步骤：制作卡通背景、制作主标题文字、添加立体装饰性元素。

步骤 1：制作卡通背景。

◎ 背景对于一个版面来说非常重要，在进行操作时，要根据整个广告的主题氛围与调性设计相应的背景。

◎ 本案例是一个卡通宣传广告，因此将卡通化的蓝天和草地相结合作为背景，给人满满的童趣。

步骤 2：制作主标题文字。

◎ 主标题文字是整个版面的视觉焦点所在，具有很强的视觉吸引力。

◎ 将立体化的标题文字以较大的字号进行呈现，给受众直观的视觉印象，十分醒目。而在右下角呈现的小文字具有补充说明与丰富细节效果的双重作用。

步骤3：添加立体装饰性元素。

◎ 在一个版面中，装饰性的元素具有画龙点睛的作用，对于丰富画面的细节设计非常重要。

◎ 将简笔插画的树木和风车作为装饰性元素，让旅行的愉悦放松氛围得到进一步加强，同时使版面的细节也更加丰富。

 11.1.5　其他版式设计方案

1. 对称型版式设计

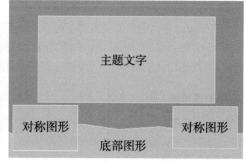

特点：

◎ 采用相对对称的构图方式为版面增添了活力与动感。

◎ 以对称形式呈现的树木和白云，让版面整体具有很强的视觉节奏感。

◎ 看似简单的 3D 立体文字，却呈现出丰富的画面效果。

2. 曲线型版式设计

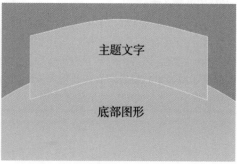

特点：

◎ 曲线型版式具有很强的视觉引导作用，让受众视线随着曲线的走向而移动。

◎ 将草地和企业标志向上适当弯曲，打破了直线的刚韧，为画面增添了些许柔和。

◎ 底部随意摆放的树木与风车给人以放松舒适的视觉体验。

3. 失败的版式设计

失败原因：

◎ 将主标题文字从左上往右下倾斜摆放，给人失重的感受，瞬间打破了整体的平衡状态。

◎ 倾斜的文字为受众阅读也带去了不便。

◎ 以相同方向倾斜的草地山坡让画面的不稳定性进一步加强。

 ## 11.1.6　不同风格的版式设计方案

1. 欢快

说明：

◎ 该旅行广告以纯度和明度适中的粉色为主，与添加的少量深粉色的共同作用下，给人舒畅、欢快的视觉感受。

◎ 底部绿色草地以及树木的添加很好地缓解了工作、生活带来的压力与烦躁。

◎ 顶部少量淡黄色和白色云朵的点缀丰富了整个版面的色彩质感。

2. 清新

说明：

◎ 广告以明度偏高的青色作为背景主色调，以鲜亮的颜色给受众清新积极的感受，十分引人注目。

◎ 立体文字以纯度偏高的洋红色为主，在与背景以及草地等颜色的鲜明对比中，给人满满的活力与激情。

3. 柔和

说明：

◎ 该旅行广告以明度适中的淡橘色为主，具有柔和放松的特征。同时主标题文字中运用了纯度偏高的橘色，让版面整体更加和谐统一。

◎ 底部绿色草地的添加，以偏深的色彩增强了整体的视觉稳定性。

 # 11.2　时尚梦幻的香水广告版式设计

主题文字

主题图像

11.2.1　设计诉求

本案例是一款香水的广告设计，设计风格要求时尚梦幻，能直接凸显香水的特征。香水广告的主题要一目了然，主次信息要能清晰地传递且符合产品的特点，设计要有视觉吸引力，整体画面要均衡、有节奏感。总体来说，设计要易于记忆、易于传播，要能传递香水的信息，能让人产生想要购买的欲望，还要符合大众的审美。

 11.2.2　设计解析

香水给人的感觉是比较梦幻时尚的，在进行设计时要将其具有的这个特征表现出来，同时通过颜色搭配、相关元素点缀等间接的方式给受众以视觉冲击力，吸引受众的注意力，激发其购买欲。

针对本案例凸显产品的诉求，将设计的调性定为时尚梦幻，把粉色作为主色。直接用产品作为展示主图来凸显香水的香气袭人，同时增加荷花与飞溅的水来展现香水特点，烘托梦幻的氛围，增加画面的动感。对文案进行处理并合理地摆放在画面中，以丰富画面细节，阐释主题。增加花瓣滴香的图片，进一步凸显主题，增加画面的生动性。

 11.2.3　配色方案

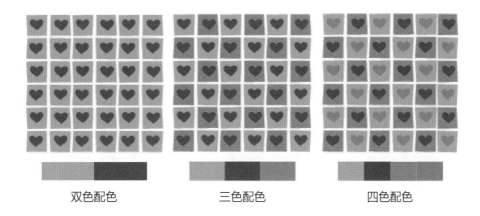

双色配色　　　　　　　三色配色　　　　　　　四色配色

 11.2.4　版式设计的步骤

广告的主要功能就是进行产品的宣传，增加产品的销量，进而从中盈利。因此，在进行广告设计时，要将产品具有的特性与功能进行清楚明了的呈现。本案例中的香水广告版式设计主要分为三个步骤：制作背景、制作产品展示主体图像、添加主标题文字。

步骤 1：制作背景。

◎ 背景对于一个版面来说非常重要，在制作背景时，要根据整个广告的主体氛围与调性进行相应的设计。

◎ 本案例以粉色调为主，因此在背景制作方面要与整体调性相一致。特别是相同色系荷花的添加，让雅致时尚的氛围更加浓厚。

步骤 2：制作产品展示主体图像。

◎ 对于广告来说，产品展示占据大部分的版面，是受众的兴趣中心所在。

◎ 将香水在荷花上方呈现，给人一种轻盈绽放的视觉感受。同时在飞溅水珠的作用下，让产品具有的特性展露无遗。

步骤3：添加主标题文字。

◎ 主标题文字具有很强的视觉吸引力，对产品具有解释说明的作用。

◎ 在产品顶部呈现的文字主次分明，可以有效传达信息，同时也丰富了整体的细节设计感。

11.2.5 其他版式设计方案

1. 对称型版式设计

特点：

◎ 采用相对对称的构图方式既让版面统一有序，同时又打破了绝对对称的呆板。

◎ 产品本身就具有对称性，在与其他元素的共同作用下，进一步加强了版式的统一节奏感。

◎ 非对称的文字不仅没有影响整体的版式，而且还为其增添了些许的活力。

2. 倾斜型版式设计

特点：

◎ 相对于水平或者垂直来说，倾斜的不稳定性较强，但也因此让版式具有较强的活跃性。

◎ 从倾斜产品中滴落的香水让版面具有很强的视觉动感。

◎ 在左上角以相同倾斜角度呈现的文字使画面具有协调统一性。

3. 失败的版式设计

失败原因：

◎ 产品展示主图过大，好像一堵墙似的将受众视线遮挡住，极其呆板与乏味。

◎ 在产品空白位置呈现的文字不够突出，无法吸引受众的注意力。

◎ 整体版面设计过于单调，缺乏细节设计效果。

11.2.6　不同风格的版式设计方案

1. 精致

说明：

◎ 香水广告以黑色为主，无彩色的运用，将产品具有的优雅精致淋漓尽致地凸显出来，十分引人注目。

◎ 粉色的大面积运用，在不同明度和纯度的变化中增强了版面的视觉层次感。

◎ 棱角分明的文字为版面增添了时尚与个性，文字的主次分明可以直接传达信息。

2. 梦幻

说明：

◎ 香水本身具有梦幻与时尚的特征，该广告以紫色渐变为主，在颜色的变化中，梦幻的氛围变得更加浓厚。

◎ 底部产品运用了粉色，与整体调性一致，同时也丰富了视觉层次感。

◎ 手写形式的主标题文字为版面增添了些许的动感与活力。

3. 优雅

说明：

◎ 广告以纯度较低、明度适中的淡粉色为主，而且丝绸质地的背景尽显产品的优雅与奢华。

◎ 底部产品部位运用了纯度偏高的粉色，让整体版面更加统一和谐。

◎ 衬线字体的主标题文字让版面的优雅氛围更加浓厚。而且蓝色字体的运用，在对比中增强了视觉稳定性。

第 12 章

包装设计类
版式设计

　　商品包装设计是一种实现商品价值和使用价值的手段，也是品牌形象的再次延伸。包装设计主要包括包装材料设计、包装外形设计、包装图形设计、包装文字设计、包装色彩设计等。

　　包装设计是产品特性与消费心理的综合反应，可以直接影响消费者的购买欲望。包装设计又称为形体设计，"包"是对产品进行精细的包裹，"装"是对产品的装设，它们是以视觉形式美表现出来，既能保护好产品的安全，又能带来视觉美感，而且还具有相适应的经济性。包装设计要根据产品的个性特点给产品进行准确定位，可以将一个企业的形象很好地呈现出来。

　　版式设计在包装设计中起着重要作用，图形、文字等元素的排列方式直接影响了包装设计的效果。

12.1　高端时尚的红酒包装版式设计

主题文字

背景图形

相关内容

12.1.1　设计诉求

包装设计一般都需要具有美感、独特性、差异性、可视性，明确的主题、鲜艳的颜色、有序的版式、强烈的视觉冲击力、简洁重复的图形、动感的画面、主次分明的关系是这类版式设计的基本要求。

本案例是一个红酒酒标的设计，设计风格要求高端时尚，主题要一目了然，设计要有视觉冲击力，整体画面要均衡有序，主次信息要清晰地传递。总体来说，设计要易于记忆、易于理解，要有强烈的视觉吸引力，要与产品信息相符，还要符合大众的审美。

12.1.2　设计解析

在购买产品时，除了了解产品本身的特性之外，产品包装也需要了解。一个好的产品，如果没有一个时尚精美的包装很难吸引受众注意力。本案例中的红酒本身就具有一定的高端时尚感，在进行版式设计时要将其特性展示出来，使人产生购买的欲望。

根据本案例的设计诉求，将其设计风格定为高端时尚。把黑色作为背景色，青色、红色、黄色、紫色作为图形颜色，用黑色来衬托图形颜色的鲜艳，增加图形颜色的视觉吸引力。用重复摆放的简洁的几何图形增加画面的动感。用白色的矩形为载体展示产品信息，增加信息的可读性。用矩形划分区域来展示图标，使图标更加醒目，具有强烈的视觉聚拢感。

12.1.3 配色方案

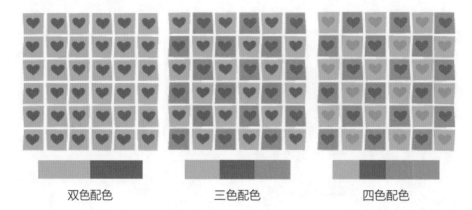

双色配色　　　　　三色配色　　　　　四色配色

12.1.4 版式设计的步骤

对于包装类的设计来说，在呈现立体效果之前都需要制作最基本的平面效果图，然后再制作立体展示效果。本案例的版式设计主要分为三个步骤：制作几何感背景、制作主标题文字、制作立体展示效果。

步骤1：制作几何感背景。

◎ 背景对于一个版面来说是非常重要的，在进行版式设计时，要根据整个广告的主题氛围与调性进行相应的设计。

◎ 本案例采用了一个极具几何感的背景，在不同颜色的搭配中，将产品具有的特征进行直接呈现。

步骤2：制作主标题文字。

◎ 主标题文字要醒目，具有视觉吸引力。

◎ 本案例中将主标题文字在顶部呈现，而且外围矩形边框的添加，使其具有很强的视觉聚拢感，十分引人注目。底部以相同形式呈现的小号文字使整体版面具有和谐统一感。

步骤3：制作立体展示效果。

◎ 相对于平面效果图来说，立体展示具有更加直观的视
觉印象。

◎ 将制作完成的平面效果图在立体模型上方呈现，具有
很强烈的视觉冲击力。而且在光影效果的共同作用下，
增强了效果的真实性。

 12.1.5　其他版式设计方案

1. 分割型版式设计

特点：

◎ 采用分割型的构图方式，将包装分为不均等的两个部分，
使版面具有一定的视觉层次感。

◎ 将版面进行分割，为包装增添了些许的活力与动感。

◎ 以相同方式分割的文字主次分明，可以直接传达信息。

2. 重心型版式设计

特点:

◎ 重心型的构图方式将文字在版面中间位置呈现,十分醒目。

◎ 以矩形作为文字呈现的载体,具有很强的视觉聚拢感。

◎ 红色的主标题文字十分醒目,对于品牌宣传具有积极的推动作用。

3. 失败的版式设计

失败原因:

◎ 背景过于单一,而且红色的运用在一定程度上会导致受众视觉疲劳。

◎ 文字字号大体一致,导致主次不清。

◎ 文字之间的行距过小,使整个版面没有空间感,给人窒息感,不利于受众阅读。

12.1.6   不同风格的版式设计方案

1. 复古

说明：

◎ 整个红酒包装以纯度较高、明度偏低的红色、青色、紫色等色彩为主，在对比中营造了浓浓的复古氛围。

◎ 底部产品简介部分字体点缀了深绿色，打破了白色矩形背景的枯燥，同时也与整体调性十分吻合，尽显产品的古朴与醇厚。

2. 稳重

说明：

◎ 整个红酒包装以蓝色为主，在同类色的变化对比中给人稳重成熟的感受，同时也让整个包装十分和谐统一。

◎ 少量棕色的点缀丰富了包装的色彩质感，同时也增强了整体的视觉层次感。

◎ 主标题文字采用较为规整的无衬线字体，可以直接传达信息，同时也与整体调性相吻合。

3. 现代

说明：

◎ 整个红酒包装以纯度和明度适中的红色、橙色、黄色等色彩为主，在邻近色的对比中，给人现代、活跃的视觉感受。

◎ 黑色背景的运用，很好地增强了整体的视觉稳定性，而且也凸显出产品具有的品质与格调。

◎ 手写风格的主标题文字与整体风格一致。文字主次分明可以有效地传达信息，同时也丰富了包装的细节效果。

12.2　古朴天然的核桃包装版式设计

12.2.1　设计诉求

本案例是一个核桃的包装设计，设计风格要求符合长白山核桃古朴天然的调性。设计要能体现核桃的饱满美味和独特的产地，画面要具有视觉吸引力，主次信息要能清晰地传递。总体来说，设计要易于记忆、易于理解，要有视觉吸引力，要能让大众对产品的卖点一目了然，还要符合大众的审美。

12.2.2　设计解析

核桃是营养价值很高的食物，特别是长白山的手剥山核桃，更是得到人们的青睐。长白山独特的地理位置与气候造就了核桃的独特质地与口感，因此，在进行设计时，除了凸显地域优势外，还要展现产品内部果实状况。

在本案例中，为了满足产品的设计诉求，将包装的风格定为古朴天然，主色定为棕色。以木质纹理作为背景凸显出产品的天然与健康，表明企业稳重成熟的文化经营理念，帮助企业获取受众的信任。用圆形图形作为载体呈现文字，增强视觉聚拢感。用特大号的"长白山"和特殊方式表现的商标，突出核桃的产地，对品牌宣传具有积极的推动作用。用产品图和包装内置物直接表现产品质量。将其他详细信息进行合理有序的摆放，利于受众对产品的理解。

12.2.3　配色方案

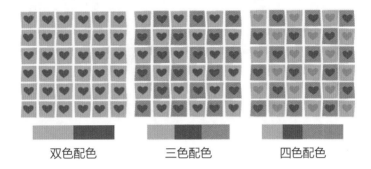

双色配色　　　　　三色配色　　　　　四色配色

12.2.4　版式设计的步骤

　　产品包装一般包括前、后、左、右四个版面。因此在设计时要将整个版面进行合理划分，留出每一部分的位置。在本案例中，因为前面和后面两个版面效果是相同的，在设计时只需制作出一个效果即可。该版式设计主要分为四个步骤：制作背景、制作正面和背面效果、制作两个侧面效果、制作立体展示效果。

步骤1：制作背景。

◎ 背景对于一个版面来说是非常重要的，在进行版式设计时，要根据整个广告的主体氛围与调性进行相应的设计。

◎ 本案例以木质纹理作为背景，一方面凸显出产品的天然健康；另一方面也容易获得受众的信赖感。

步骤2：制作正面和背面效果。

◎ 在产品包装中正面和背面效果既可以一样，也可以不一样。正面和背面的效果主要作用就是对产品进行宣传，最大限度地吸引受众的注意力。

◎ 本案例以一个圆形图案作为文字呈现载体，具有很强的视觉聚拢感。而且将产品内部质地进行直观呈现，使受众一目了然。

步骤 3：制作两个侧面效果。

◎ 包装的两个侧面一般为产品原料以及各种营养成分构成表。或者以较为简单的方式进一步对产品进行宣传与推广。

◎ 在本案例中，一个侧面为产品营养构成表，让受众对产品有更清楚的认识；另外一个侧面则为简单的产品展示，丰富整体的细节效果。

步骤 4：制作立体展示效果。

◎ 相对于平面图来说，立体展示效果具有更加直观的视觉印象。

◎ 本案例中，以长白山的独特风景作为背景，在适当的模糊处理中，营造了浓浓的自然淳厚氛围。将包装以立体的角度进行呈现，具有更强的视觉冲击力。

12.2.5 其他版式设计方案

1. 中轴型版式设计

特点:

◎ 中轴型的构图方式就是将图像以及文字以中轴线为基准进行呈现。

◎ 中轴型版式设计增强了整体版式的节奏韵律感。

◎ 将图像和文字在版面中间部位呈现，让受众视觉从上往下自然过渡。

2. 重心型版式设计

特点:

◎ 重心型版式就是将图像和文字在版面中间部位呈现，具有很强的视觉聚拢感。

◎ 以一个圆形图案作为文字呈现的载体，将受众注意力全部集中于此，将信息进行直观有效的传达。

◎ 版面周围适当留白的运用为受众营造了一个很好的阅读环境。

3. 失败的版式设计

失败原因：

◎ 主标题文字和标志大小几乎一致，喧宾夺主。

◎ 以圆形图案为载体呈现的文字主次不清，不利于信息传达。

◎ 整体设计过于单调，缺乏细节设计效果。而且图像和文字的摆放过于凌乱，不利于阅读和信息的传递，带给受众较差的视觉感受。

12.2.6 不同风格的版式设计方案

1. 成熟

说明：

◎ 该款核桃包装以黑色为主，无彩色的运用，给人成熟稳重的视觉感受，同时也让版面显得十分整洁。

◎ 中间部位少量红色的点缀，以较低的明度为包装增添了精致与时尚感。

◎ 以较大字号呈现的主标题文字具有视觉吸引力。而且白色字体的运用提高了整个包装的亮度。

2. 天然

说明：

◎ 包装以黄绿色为主，偏高的纯度让其极具自然气息，给人天然健康的视觉感受。

◎ 点缀的少量明度偏高的绿色进一步增加了包装具有的天然纯净感。

◎ 主标题文字采用较大字号的无衬线字体，使其现代感十足，拉近了与受众的距离。